机场基础设施韧性评价与恢复研究

黄 信 吴 堃 ◎著

U0281678

中国建筑工业出版社

图书在版编目（CIP）数据

机场基础设施韧性评价与恢复研究 / 黄信，吴堃著.
北京 : 中国建筑工业出版社，2025. 1. -- ISBN 978-7
-112-30827-9

Ⅰ. V351

中国国家版本馆 CIP 数据核字第 202544FB95 号

责任编辑：刘婷婷
文字编辑：冯天任
责任校对：赵　力

机场基础设施韧性评价与恢复研究
黄　信　吴　堃◎著
＊
中国建筑工业出版社出版、发行（北京海淀三里河路 9 号）
各地新华书店、建筑书店经销
北京红光制版公司制版
建工社（河北）印刷有限公司印刷
＊
开本：787 毫米×1092 毫米　1/16　印张：12　字数：218 千字
2025 年 1 月第一版　　2025 年 1 月第一次印刷
定价：**56.00** 元
ISBN 978-7-112-30827-9
（44086）

序

机场基础设施是航空运输体系的重要组成部分。我国在机场规划、设计、建设等方面成绩显著，北京大兴国际机场、成都天府国际机场等大型枢纽机场相继建成并投入运行。同时，我国地域辽阔，天气灾害频发，暴雪、暴雨等恶劣天气不仅会影响飞机航线运行，也会影响跑道上飞机起降、陆侧区旅客通行等，从而严重降低航空运输效率。机场基础设施系统复杂，设施类型多、数量大、功能差异明显，所以有必要基于韧性理念开展机场基础设施韧性评价与恢复研究，系统建立机场韧性评价方法与理论，为天气灾害下机场基础设施安全与高效运行提供技术支撑。

本书以机场基础设施韧性评价与恢复为主线，基于结构方程模型和韧性评价指标体系，提出了机场基础设施韧性量化评价方法；构建机场基础设施破坏函数和恢复函数，建立了考虑时变效应的机场基础设施韧性评价方法，揭示了天气灾害下机场基础设施功能恢复的时变机理；通过引入比例风险模型，建立了基于历史事件数据的机场基础设施韧性恢复模型，为天气灾害下机场基础设施功能演化与预测提供了思路；开展了灾前除雪资源配置策略分析，同时采用复杂网络模型构建了机场基础设施复杂网络，提出了机场基础设施网络服务效率函数，研究了机场基础设施网络抗灾韧性。

我十分高兴本书能够顺利出版，本书是黄信教授及其团队在机场韧性研究领域开展的探索和成果总结。相信本书将为从事机场基础设施防灾减灾与韧性提升的学者、研究生、工程师以及管理人员提供借鉴和指导，并有助于提升机场基础设施管理和运行水平。

全国工程勘察设计大师
民航机场规划设计研究总院有限公司总工程师
2024 年 7 月于北京

前　言

　　航空运输的蓬勃发展推动了机场基础设施的快速建设，确保机场基础设施安全和高效运行是建设交通强国民航新篇章的战略需求。暴雨、暴雪等恶劣天气会影响机场基础设施功能，降低航空运输效率甚至引发安全事故。韧性是系统抵御外界冲击并逐渐恢复的过程，目前广泛应用于评价城市建筑、地铁网络等基础设施应对突发事件的能力。如何基于韧性理念开展机场基础设施抗灾能力的量化评价，并实现机场基础设施功能恢复效率的提升，是当今机场工程领域的关键科学问题和研究热点。

　　机场基础设施系统涵盖的设施种类多、功能差异大，按照功能特征可划分为飞行区、航站区、空管设施、维修设施和排水设施等。与以线路为主的地铁、公路等网络系统相比，机场基础设施系统具有显著的行业特征，道面、航站楼、排水设施等对系统的韧性影响存在差异，基于指标体系的韧性评价方法可以实现系统韧性能力的量化评估，但是确定指标之间的关联及其权重是韧性评价合理性的关键。对于暴雪等灾害下机场基础设施系统的功能损失以及时变恢复机理，基于历史数据建立韧性恢复模型是一种有效的分析方法；同时，有必要建立基于韧性曲线的机场基础设施韧性恢复时变模型，从而揭示评价指标对机场基础设施系统韧性的影响规律，并提出恢复策略。本书总结了作者及其团队近年来在机场基础设施韧性领域的最新研究成果，介绍了单个机场基础设施和机场基础设施网络的韧性评价方法、韧性恢复模型、韧性恢复机理及恢复策略等，可为我国机场基础设施韧性研究和性能提升提供借鉴。

　　全书包括 8 章内容。第 1 章概述了我国机场基础设施的发展及其韧性分析方法；第 2 章介绍了基于机场基础设施特征建立的韧性评价指标体系，同时梳理了机场天气灾害数据，为建立基于灾害数据的机场基础设施韧性恢复模型提供分析依据；第 3 章利用验证性分析模型构建评价指标权重因子，基于模糊综合评价方法实现机场基础设施韧性量化评估；第 4 章介绍了基于物理、功能、经济和组织四个维度的机场基础设施韧性分析模型，揭示了天气灾害下机场基础设施韧性功能损失和功能恢复的时变效应；第 5 章介绍了 Cox 比例风险模型，建立了基于灾害数据的机场基础设施韧性恢复模型，揭示了天气灾害下机场基础设施功能恢复机理，为天气灾害下机场基础设施功能演化预测提供分析思路；第 6 章介绍了基于多目标优化的机场基础设施灾前除雪资源配置策略分析方法，为提升天气灾害下机场基础设施韧性提供灾前优化策略；第 7 章介绍了机场基础设施网络模型的构建，分析了机场网络模型的特征指标；第 8 章介绍了机场基础设施网络韧性恢复模型的建立，提出了天气灾害下机场基础设施网络功能恢复策略。

本书由黄信教授负责制定全书大纲、确定各章节内容，并编写全书的主要内容，吴堃副教授参与了第 1 章至第 6 章的研究工作。研究生谭成松参与了第 2 章、第 3 章和第 5 章的研究工作，研究生徐平参与了第 4 章和第 6 章的研究工作，研究生杨立志参与了第 7 章和第 8 章的研究工作，作者在此表示衷心感谢。

本书研究工作得到了国家重点研发计划项目（项目编号：2021YFB2600500）、国家自然科学基金面上项目（项目编号：52278542）、中国民航大学基金配套专项（3122023PT05）、中国民航大学科研启动基金项目（项目编号：2020KYQD40）等科研项目的资助，作者在此表示衷心感谢。

由于作者水平有限，书中难免存在不足之处，衷心希望读者批评、指正！

目　　录

第 1 章
机场基础设施与韧性分析方法

1.1　机场基础设施

1.1.1　机场基础设施工程

"十三五"以来，随着民航事业的不断发展，机场基础设施进入快速建设时期。"十四五"期间，我国机场建设规模进一步扩大，新建、续建机场达到 73 个。机场基础设施是航空运输的重要组成部分，目前已有多个大型枢纽机场建成投入使用，如北京大兴国际机场、成都天府国际机场等，如图 1-1 所示。机场基础设施是航空运输体系中的关键节点，其包括跑道、滑行道、空管设施等主体设施，以及排水、供电等辅助设施。"十四五"民航发展主要目标中，强调了航空安全水平再上新台阶，确保民航综合保障能力和服务能力得到提升[1]。

(a) 北京大兴国际机场　　　　　　　　　(b) 成都天府国际机场

图 1-1　我国机场基础设施建设

航空运输是现代交通运输的重要组成部分，以机场为节点、航线为线条构建的网络是其提供运输服务的空间载体，决定着航空运输的效率。自 2005 年起，中国就已成为仅次于美国的全球第二大航空市场。根据中国民用航空局于 2024 年 5 月发布的《2023 年民航行业发展统计公报》，我国运输机场分布状况及航线统计数据见表 1-1 和表 1-2。统计结果指出：截至 2023 年底，我国境内运输机场（不含港澳台地区）共有 259 个，定期航班通航城市（或地区）255 个（不含港澳台地区）；我国共有定期航班航线 5206 条，其中国内航线 4583 条，港澳台航线 65 条，国际航线 623 条[2]。由此可见，我国航空网络庞大且复杂，航空运输在我国现代综合交通运输体系中占据重要地位。

2023 年各地区颁证运输机场数量（个）   表 1-1

地区	颁证运输机场数量	占全国比例
全国	259	100%
其中：东部地区	56	21.6%
中部地区	44	17.0%
西部地区	132	51.0%
东北地区	27	10.4%

2023 年我国定期航班航线条数及里程   表 1-2

指标：单位	数量
航线条数：条	5206
国内航线	4583
其中：港澳台航线	65
国际航线	623
按重复距离计算的航线里程：万公里	1227.81
国内航线	919.82
其中：港澳台航线	10.16
国际航线	308.00

《"十四五"民用航空发展规划》提出，航空运输网络是国家综合立体交通网络的重要组成部分，提供高质量运输服务是民航作为一种交通方式的基本使命[1]。机场基础设施网络服务能力对一个城市、一个区域乃至一个国家的社会经济发展发挥着巨大的作用。我国民用航空局于每年上半年发布年度机场发展公报，我国境内民用航空机场（不含港澳台地区）统计数据如图 1-2 所示。统计结果指出：2013 年至 2023 年底，我国境内民用航空机场数量增速明显，平均每年新增 6 个民用航空机场。

1.1.2 天气灾害对机场影响

我国气候条件复杂，南北气候差异大，冬季易出现暴雪、大风等不利天气，机场基础设施在冬季易受冰雪天气影响，进而对飞行安全和航班延误带来严重隐患[3]。我国横跨三个气候带，据不完全统计，我国现有机场中近 60% 都会受到降

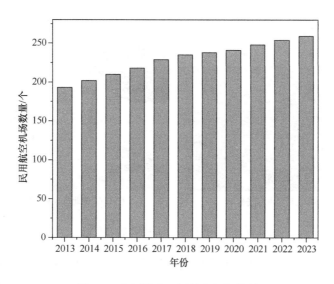

图 1-2　我国境内民用航空机场数量

雪天气的影响，大部分机场冬季降雪、结冰频率高，因为道面积雪或结冰而导致航班延误的情况时有发生，甚至出现机场关闭、飞机停飞的情况，如 2017 年 2 月 19—20 日乌鲁木齐机场（图 1-3）、2018 年 1 月 26—27 日湖北宜昌机场和 2022 年 2 月 6—7 日武汉天河机场均因大雪影响导致航班延误，影响机场正常运行。此外，暴雨灾害也会显著影响机场的正常运行，如图 1-4 所示，2018 年江西昌北机场遭受暴雨侵袭，导致机场楼体外部吊顶材料脱落；2023 年北京暴雨导致大兴机场机坪出现积水，致使航班取消或备降。暴雨灾害通过影响机场基础设施的功能，进而影响单个机场的正常运行，导致机场网络效率低下甚至瘫痪。

图 1-3　2017 年乌鲁木齐机场大雪

(a) 2018年江西昌北机场暴雨　　　　　(b) 2023年北京大兴国际机场暴雨

图 1-4　暴雨灾害下机场基础设施

2023 年，全国客运航空公司共执行航班 467.17 万班次，其中，正常航班 410.19 万班次，平均航班延误率为 12.20%，而其中由天气原因导致的延误高达 60.42%，我国 2023 年航班不正常原因分类统计数据见表 1-3[2]。

2023 年航班不正常原因分类统计　　　　　　　　表 1-3

指标	占全部比例	比上年增减：百分点
全部航空公司航班不正常原因	100.00%	0.00
其中：天气原因	60.42%	−6.73
航空公司原因	14.68%	3.63
空管原因（含流量原因）	0.05%	−0.01
其他	24.86%	3.11

2022 年，中国科学技术协会提出十个前沿科学问题，其中包括"如何全方位精准评价城市综合交通系统及基础设施韧性"。机场基础设施是民航交通正常运行的重要保障，也是综合交通体系中的重要一环。如何提升天气灾害下机场基础设施恢复效率，是机场安全运行的关键科学问题，基于韧性理论研究天气灾害下机场基础设施抗灾韧性及其恢复策略，已成为当前机场基础设施领域的研究热点。为提升暴雪、暴雨等恶劣天气下的机场运行效率，有必要研究天气灾害对机场基础设施功能韧性的影响，揭示天气灾害下机场基础设施韧性恢复机理，并提出机场基础设施韧性恢复策略。

1.2　韧性分析方法

1.2.1　韧性概念

1973 年，Holling 教授将韧性概念引入到生态学领域中，将韧性定义为受到冲击后系统吸收干扰、持续和恢复平衡的能力，可以理解为韧性是一种系统持久性的度量，具有吸收变化和抵抗干扰的能力。此后韧性的概念向工程、社会、经济领域延伸。21 世纪以来，韧性概念被应用于灾害风险研究，研究对象主要为城市基础设施，Bruneau 等[4]采用基础设施系统韧性性能曲线量化城市基础设施质量以及指标功能，如图 1-5 所示。

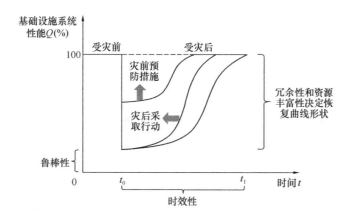

图 1-5　系统韧性性能曲线

图 1-5 中将基础设施系统韧性用系统性能 Q 表示，100％表示系统性能良好、能正常运行，0％表示系统完全受损、不能正常运行，t_0 时刻对应的 Q 值表示灾害发生时基础设施系统被破坏的程度，t_1 时刻表示系统经过一段时间的自我抵抗以及外来的有效措施后性能逐渐恢复到受灾前的水平。以时间为自变量的功能函数表示为：

$$R = \int_{t_0}^{t_1} \big[100 - Q(t)\big] \mathrm{d}t \tag{1-1}$$

式中，R 表示基础设施系统韧性；Q 表示系统性能；t 为时间，t_0 为扰动或灾害开始时间，t_1 为扰动或灾害结束时间。

系统机能曲线也可以采用 Bruneau 等[4]提出的基础设施系统韧性的四种特性表

示。其中，鲁棒性表示基础设施系统遭受一定程度冲击和破坏时，系统抵抗外界荷载并保证自身结构和功能不受损失的能力；冗余性表示基础设施系统中存在保障系统安全和结构功能的多个重复部件，从而保证在一次冲击或破坏事件中，任意一个部件都能保障结构功能和安全；资源丰富性表示基础设施系统被破坏时，能够动员资源、整合人力物力和相关技术来减轻冲击事件带来的影响的能力；时效性表示系统受到冲击和扰动后恢复到原系统性能水平的速度。

基础设施韧性的功能恢复能力指系统在受到外界干扰后维持或恢复系统功能的能力，在系统应对自然灾害时具有重要作用，被广泛用于度量和判断系统和结构的可恢复性能。Vugrin 等[5]采用吸收能力、适应能力、恢复能力量化评估韧性；Youn 等[6]采用可靠能力和恢复能力量化韧性水平；还有学者将韧性功能划分为系统抵御能力、吸收能力和恢复能力[7-8]。可知，现有韧性研究中，恢复能力是其中必不可少的一个方面。

韧性功能恢复能力的量化是韧性研究的重要内容，有方法用受到扰动后的系统性能曲线与时间轴围成的面积和无扰动性能曲线与时间轴围成的面积比值表示韧性恢复值[9]。此外，另一种方法是基于韧性恢复能力的特征，选取恰当的指标项来度量韧性恢复能力，指标项通常由可定性的一级指标以及可量化的二级指标组成，例如从基础设施的物理、功能、经济等方面筛选可靠且具有代表性的指标项。

1.2.2 韧性评价指标

为定量评估系统韧性，需要建立韧性评价指标体系。由于研究角度和定义的不同，韧性评价指标存在着较大差异，Bruneau 等[10]把韧性分为：技术韧性、组织韧性、经济韧性和社会韧性四部分。美国网络安全与基础设施安全局（CISA）制定的《基础设施韧性规划框架（IRPF）》提到，基础设施的韧性不仅取决于工程基础设施系统的物理属性，还取决于影响这些系统运行和管理的组织的能力；此外，韧性还受到组织因素的影响，如应急预案和员工工作水平等。通过梳理韧性评价方面的文献，总结出了各领域韧性评价指标，如表 1-4 所示。

韧性评价指标分类表 表 1-4

评价对象	评价指标	文献来源
社区韧性	技术、组织、经济和社会	Bruneau 等[10]
城市韧性	经济、生态、基础设施、社会	陈贤胜[11]

续表

评价对象	评价指标	文献来源
城市韧性	人员、设施、管理	《安全韧性城市评价指南》 GB/T 40947—2021
社区韧性	人口、环境、组织、物理设施、 生活方式、经济水平及文化资本	Cimellaro 等[12]
地铁交通韧性	人员、设备、环境、管理等	裴双双[13]
城市道路韧性	交通流介数、可达性指标	胡晓甜[14]
机场灾害韧性	自然环境、管理体系、技术设施、服务链条	黄润建[15]
基础设施韧性	技术、组织、社会、经济	毕玮等[16]

由表 1-4 可以看出，现有研究对于韧性评价涵盖了广阔的对象范围，包括社区韧性、城市韧性、交通韧性等领域。因为韧性评价对象的结构和功能不一，所以评价指标也有较大差异。例如，城市是一个高度复杂的系统，其韧性通常是从人员、设施、管理和经济等能够对城市功能产生影响的方面进行评价；而对于道路而言，其本身具有网络结构特性，通常采用基于拓扑结构的参数进行韧性评价。对于不同灾害，评价指标也存在差异。Bruneau 等[10]提出从技术、组织、经济和社会四个角度对地震灾害下工程韧性进行评估；陈贤胜[11]从经济、生态、基础设施和社会四个角度对内涝灾害下城市韧性进行评估。机场基础设施系统是交通系统中的一部分，与公路、地铁或铁路等路网存在显著联系，因此有必要基于机场独有属性，建立天气灾害下机场基础设施的韧性评价指标体系。

1.2.3 韧性度量方法

韧性度量是基于定性分析建立评价指标，利用数据资料对韧性评价指标进行量化，进而对评价对象的韧性水平进行量化分析的方法。国内外不同工程领域的抗震韧性研究中，根据是否在韧性评估中考虑不确定性分为两类[17]。而社区韧性度量方法可分为记分法、综合指数法和函数模型法三种[18]。根据数据来源的不同，韧性度量方法可以分为基于客观数据的韧性度量方法和基于主观数据的韧性度量方法。

1. 基于客观数据的韧性度量方法

大多数学者在度量韧性时，首先对韧性评价对象进行分析研究，提出韧性的影响因素，并建立评价指标；然后通过对已发生事件中各项评价指标的历史数据变化情况进行分析，得出函数关系；最后建立韧性评价模型，从而对韧性水平进行量化。Bruneau 等[4]为系统韧性的定量评估作出了巨大贡献，他们在 2007 年提出的韧性三角形法影响深远，为韧性的度量奠定了基础。随着研究的不断深入，其他学者提出并完善了不同领域和不同灾害条件下的韧性度量方法。例如，王晶等[19]以冰雪天气下城市路网系统中各独立路径的车辆行驶速度为基本参数，建立了路网服务能力值的评价方法，结合时间段对路网韧性进行度量。黄莺等[20]基于复杂网络理论将地铁网络用无向无权图表示，利用拓扑结构图中节点和边的参数计算平均路径长度、介数等指标，通过韧性三角形法度量韧性。黄信等[7-8]基于灾害历史数据建立了机场基础设施韧性恢复模型。王兴隆等[21]选取恶劣天气下机场小时离场航班正常率为基本参数，描述机场运行系统性能，通过性能曲线图度量韧性。

基于客观数据的韧性度量方法既能够体现出韧性的内涵和韧性影响因素之间的相互作用关系，又能够准确地度量韧性水平，但由于评价指标不统一，部分数据获取难度较大，所以该方法在应用中存在一定局限性。

2. 基于主观数据的韧性度量方法

基于主观数据的韧性度量方法是对评价对象定性评价后，建立评价指标系统，通过设计量表对指标进行评估，采用数字、字母及描述词等形式进行打分的方法。Morley 等[22]利用托伦斯计分卡方法对澳大利亚两个偏远社区的韧性进行评估，证明了打分法在韧性评估中的适用性。由美国社区和区域韧性研究中心（CARRI）开发的社区韧性系统（CRS）也是采用打分表对社区韧性进行度量[23]。联合国国际减灾战略（UNISDR）开发了一套评价自然灾害下城市韧性的评价体系——城市灾害韧性评价卡，在该评价体系下通过 0～5 分对二级指标打分，最终获得总分，以此为基础安排未来发展计划[24]。在打分法的基础上采用如层次分析法、熵权法等方法确定指标权重，再利用线性加权组合赋权法并归一化处理赋权结果的方法称为综合指数法。Orencio 等[25]基于加拿大红十字会和印度尼西亚红十字会的社区风险降低模型，采用德尔菲法和层次分析法建立了沿海社区的抗灾能力综合指数。黄信等[7,27-28]基于主观问卷建立评价指标样本，采用结构方程模型量化指标权重因子，建立了机场基础设施韧性评价量化分析方法。Kontokosta 等[26]考虑物理设施、自然和社会系统，选择了韧性指标，通过大规模数据整理建立了应急与抗灾韧性指数，并应用于纽约社区韧性度量。

可见，基于主观数据的韧性度量方法发展较为成熟，比较具有针对性，已经在国内外城市、社区等领域得到广泛的应用，虽然该方法能够方便快捷地对评价对象韧性进行量化，但评估结果受主观性影响较大，且容易忽略韧性评价指标之间的相互影响。

1.2.4　韧性研究进展

1. 基础设施韧性研究

基础设施是指为社会提供公共服务的工程设施，包括交通运输系统、能源系统、供水系统及通信系统等保障地区经济活动正常运行的系统。针对基础设施，国内外学者从韧性角度开展了大量研究，其中 Bruneau 等[4,10]对城市基础设施韧性的定义和分析角度影响深远，他从技术韧性、组织韧性、经济韧性及社会韧性四个角度分析了系统的韧性，并用系统功能曲线进行了量化。Sussmann 等[29]将轨道支撑力作为铁路基础设施的韧性评价标准，以各力学参数测试方法作为韧性评价方法，为轨道的设计和维护提供了依据。Labaka 等[30]从内部和外部两个角度对基础设施韧性进行了定性研究，建立了韧性框架；内部韧性是指基础设施本身的韧性，包括技术、组织和经济三个方面；外部韧性是管理机构或者政府机构的韧性，包括技术、组织、经济和社会四个方面。Franchin 等[31]根据基础设施系统间的相互影响关系建立了一种地震灾害下基础设施韧性评估框架，根据基础设施特征建立拓扑结构，结合地震灾害下的易损性数据对基础设施韧性进行评估。吕彪等[32]将地铁拓扑网络结构和交通流结合，构建了考虑流量影响的地铁网络服务指标，将扰动下服务效率与正常服务效率比值作为地铁网络韧性的评价指标。查显来等[33]基于复杂网络理论建立桥梁网络拓扑结构，将节点对网络效率的影响，即节点间连通的难易程度作为韧性评价指标。

由以上研究可知，针对基础设施韧性研究大致分为两类，一类是对于具有网络特征的设施系统，如地铁网、路网、电网等系统，通常是基于复杂网络理论建立拓扑网络结构，利用灾害事件下网络结构的各参数作为韧性评价指标；另一类是对于具有个体特征的系统，如桥梁、住宅等单一建筑，通常是从不同角度考虑实际功能的影响因素，建立指标评价指标体系，通过对各项指标进行定义、量化，从而进行韧性评价。

2. 韧性恢复研究

为提升灾害下基础设施的抗灾韧性，应建立基础设施的韧性恢复分析模型，提出基础设施的韧性恢复策略。在韧性恢复措施方面，吕彪等[32]基于地铁拓扑网络服务效率提出网络节点重要度指标，建立了韧性优化模型，利用遗传算法进行求解得到最优节点修复策略。伍静[34]从复杂网络理论的角度分析海上丝绸之路航运网络的拓扑结构，揭示了航运网络的脆弱性、恢复能力并提出对灾害冲击的策略。黄莺等[20]以网络平均效率为韧性指标，以网络恢复力最大为目标函数构建城市地铁网络恢复模型，研究了地铁网络在不同失效场景下的最优恢复策略。徐任杰等[35]建立了量化装备体系韧性的数学模型，提出了基于韧性增加值的链路重要度指标，并构建一种基于装备体系韧性的作战网络链路重要度评估模型。刘梦茹[36]基于复杂网络理论和韧性理论，构建以网络恢复力最大、恢复资源数量为约束条件的城市地铁网络恢复模型。裴双双[13]通过文献综述对地铁运营韧性影响因素进行属性约简，通过问卷探究了地铁运营韧性形成机理，建立了地铁运营韧性系统动力学模型并提出提升策略。张宇[37]建立了机场道面的动态优先级模型，基于装备群作业能力系数与作业区优先级建立机场道面除冰雪装备群指派模型。陈亚雄[38]建立了基于作业能力-成本的多目标除冰雪机群资源优化配置模型。Barabadi 等[39]对不同类型有缺失的基础设施受灾数据进行分类，通过回归模型研究了灾后基础设施恢复率问题，为存在历史数据缺失的处理提供了参考。Zhang 等[40]针对公路网络提出了总恢复时间和恢复曲线的倾斜度，用于评估恢复策略的效率，并利用遗传算法求解路网中桥梁的最佳恢复顺序。

3. 民航韧性研究

航空运输主要由机场、飞机和空中交通等部分组成，暴雪等不利天气是影响航空运行效率的主要因素。Zhou[41]从航班角度出发，将恶劣天气条件下航班延误最长的恢复时间作为机场韧性指标，将恶劣天气作为自变量，恢复时间作为因变量进行回归分析，结果表明机场容量、区域、灾害等级、持续时间等变量对韧性有显著影响。Bao[42]将机场划分为陆侧和空侧两大部分，从机场易损性和应急能力两方面衡量突发事件下大型机场的韧性，采用集对分析法研究了机场韧性影响因素，指出总体应急响应能力对韧性起重要作用，加强安全人员的培训能提高应急能力。王兴隆等[21]利用机场离场航班正常率描述机场运行系统性能，并基于系统性能对机场运行韧性进行了评估。Guo 等[43]从组织、人员、技术和信息四个维度构建了机场安全韧性管理模型，并基于功能共振分析法和层次分析法提出了一种半定量的机场运行系统安全韧性评价的方法。黄润建[15]从环境、技术、管理和服务四个指标考虑机场灾害韧性，利用风险交互网络识别潜在的公共安全风险，运用熵权法确定指标权重，基于集对分析法对机场灾害韧性进行了量化。黄信等[7,27]分别基于灾害历史数据和评价指标体系，建立了天气灾害下机场基础设施韧性恢复模型。Faturech 等[44]通过考虑跑道容量和损失后修复状态对机场跑道和滑行道网络韧性进行了定义，将其视为随机整数规划问题，并利用无向图转化为数学问题，进而利用整数 L 形分解方法进行求解。

4. 交通系统网络韧性优化

韧性优化分析是一个优化网络性能损失和恢复程度的问题[10,45]。一方面，网络在扰动后的恢复可通过优化网络结构实现恢复至原有系统性能水平或更高水平。李林华[46]运用 K-Means 聚类算法对主动配电网划分恢复时段，通过添加虚拟支路，实现了主网重构与分布式电源孤岛形成的全局优化。另一方面，网络优化恢复受限，无法改变原有的网络结构，只能通过优化恢复方案进而提高恢复效率。张洁斐等[47]选取网络平均效率为韧性指标，探讨了不同修复策略与城市轨道交通网络恢复性能间的关系。吕彪等[32]考虑轨道交通线路站点流量的影响，构建基于服务效率的轨道交通网络韧性指标，提出以网络韧性最大化为目标求解最优恢复策略。黄信等[48-49]建立了机场网络韧性恢复模型，分析了机场节点破坏后网络功能的恢复策略。程静等[50]选取网络效率与连通性能指标表征系统韧性，基于地铁节点客流分布特征建立恢复节点分配函数，构建了带恢复策略的网络级联失效模型。

参 考 文 献

[1] 中国民航航空局，国家发展改革委员会，交通运输部．"十四五"民用航空发展规划[R]. 2021.

[2] 中国民用航空局．2023 年民航行业发展统计公报[EB/OL]. http：//www.caac.gov.cn/XXGK/XXGK/TJSJ/202405/t20240531_224333.html

[3] 陈斌，焦琳青，杨亚磊，等．复杂多约束条件下航班除冰延误机理及资源优化配置[J].控制理论与应用，2020，37(5)：1069-1079.

[4] BRUNEAU M, REINHORN A. Exploring the concept of seismic resilience for acute care facilities[J]. Earthquake Spectra, 2007, 23(1): 41-62.

[5] VUGRIN E D, WARREN D E, EHLEN M A, et al. A framework for assessing the resilience of infrastructure and economic systems[M]. Berlin: Springer, 2010: 77-116.

[6] YOUN B D, HU C, WANG P F. Resilience-driven system design of complex engineered systems[J]. Journal of Mechanical Design, 2011, 133(10): 1179-1188.

[7] 黄信，谭成松，吴堃，等．暴雪灾害下机场基础设施韧性研究[J].中国安全科学学报，2023，33(12)：198-205.

[8] 谭成松. 自然灾害下民航基础设施韧性功能恢复模型研究[D]. 天津：中国民航大学，2023.

[9] ZHANG D M，DU F，HUANG H，et al. Resiliency assessment of urban rail transit networks：Shanghai metro as an example[J]. Safety Science，2018，106：230-243.

[10] BRUNEAU M，CHANG S E，EGUCHI，R T et al. A framework to quantitatively assess and enhance the seismic resilience of communities[J]. Earthquake Spectra，2003，19(4)：733-752.

[11] 陈贤胜. 暴雨内涝情景下城市韧性评估及运用[D]. 上海：华东政法大学，2021.

[12] CIMELLARO G P，RENSCHLER C，REINHOM A M. PEOPLES：a framework for evaluating resilience[J]. Journal of Structural Engineering，2016，142(10)：1-13.

[13] 裴双双. 地铁运营韧性形成机理及提升策略研究[D]. 徐州：中国矿业大学，2022.

[14] 胡晓甜. 基于韧性评估的降雪条件下城市道路网络恢复决策研究[D]. 哈尔滨：哈尔滨工业大学，2021.

[15] 黄润建. 基于风险交互分析的 4F 机场灾害韧性评价研究[D]. 广州：暨南大学，2020.

[16] 毕玮，汤育春，冒婷婷，等. 城市基础设施系统韧性管理综述[J]. 中国安全科学学报，2021，31(6)：14-28.

[17] 毕熙荣，冀昆，宗成才，等. 工程抗震韧性定量评估方法研究进展综述[J]. 地震研究，2020，43(3)：417-430＋601

[18] 唐彦东，张青霞，于汐. 国外社区韧性评估维度和方法综述[J]. 灾害学，2023，38(1)：141-147.

[19] 王晶，刘昊天，朱建明. 基于韧性城市视角的冰雪天气下路网恢复问题研究[J]. 中国管理科学，2018，26(3)：177-187.

[20] 黄莺，刘梦茹，魏晋果，等. 基于韧性曲线的城市地铁网络恢复策略研究[J]. 灾害学，2021，36(1)：32-36.

[21] 王兴隆，赵俊妮，王进. 恶劣天气下机场离场航班运行韧性评估及恢复[J]. 北京航空航天大学学报，2024，50(1)：110-121.

[22] MORLEY P，RUSSELL-SMITH J，SANGHA K K，et al. Evaluating resilience in two remote Australian communities[J]. Procedia Engineering，2018，212：1257-1264.

[23] CARRI. Community resilience system initiative (CRSI) steering committee final report—A roadmap to increased community resilience[Z]. 2011.

[24] UNISDR. Disaster resilience scorecard for cities [Z]. United Nations Office for Disaster Risk Reduction，2017.

[25] ORENCIO P M, FUJII M. A localized disaster-resilience index to assess coastal communities based on an analytic hierarchy process (AHP)[J]. International Journal of Disaster Risk Reduction, 2013, 3: 62-75.

[26] KONTOKOSTA C E, MALIK A. The resilience to emergencies and disasters index: applying big data to benchmark and validate neighborhood resilience capacity[J]. Sustainable Cities and Society, 2018, 36: 272-285.

[27] 黄信, 徐平, 吴堃. 降雪天气对机场基础设施系统韧性恢复的影响[J]. 中国安全科学学报, 2024, 34(4): 175-182.

[28] 徐平. 暴雪天气下机场基础设施系统韧性恢复策略研究[D]. 天津: 中国民航大学, 2024.

[29] SUSSMANN T R, STARK T D, WILK S T, et al. Track support measurements for improved resiliency of railway infrastructure[J]. Transportation Research Record, 2017, 2607(1): 54-61.

[30] LABAKA L, HERNANTES J, SARRIEGI J M. Resilience framework for critical infrastructures: An empirical study in a nuclear plant[J]. Reliability Engineering and System Safety, 2015, 141: 92-105.

[31] FRANCHIN P, CAVALIERI F. Probabilistic assessment of civil infrastructure resilience to earthquakes[J]. Computer-Aided Civil and Infrastructure Engineering, 2015, 30(7): 583-600.

[32] 吕彪, 管心怡, 高自强. 地铁网络服务韧性评估与最优恢复策略[J]. 交通运输系统工程与信息, 2021, 21(5): 198-205.

[33] 查显来, 董薇, 曹义虎, 等. 基于韧性评估的桥梁网络震后修复决策模型[J]. 武汉轻工大学学报, 2022, 41(6): 107-113.

[34] 伍静. 海上丝绸之路航运网络韧性的评价研究[D]. 武汉: 武汉理工大学, 2020.

[35] 徐任杰, 宫琳, 谢剑, 等. 基于装备体系韧性的作战网络链路重要度评估及恢复策略[J]. 系统工程与电子技术, 2023, 45(1): 139-147.

[36] 刘梦茹. 韧性视角下城市地铁网络最优恢复策略研究[D]. 西安: 西安建筑科技大学, 2021.

[37] 张宇. 机场道面除冰雪装备群指派研究[D]. 哈尔滨: 哈尔滨工业大学, 2020.

[38] 陈亚雄. 机场道面除冰雪作业协同控制技术研究[D]. 天津: 中国民航大学, 2017.

[39] BARABADI A, AYELE Y Z. Post-disaster infrastructure recovery: Prediction of recovery rate using historical data[J]. Reliability Engineering & System Safety, 2018, 169: 209-223.

［40］ ZHANG W L，WANG N Y，NICHOLSON C. Resilience-based post-disaster recovery strategies for road-bridge networks［J］. Structure and Infrastructure Engineering，2017，13(11)：1404-1413.

［41］ ZHOU L，CHEN Z H. Measuring the performance of airport resilience to severe weather events［J］. Transportation Research Part D：Transport and Environment，2020，83(6)：1-19.

［42］ BAO D W，ZHANG X L. Measurement methods and influencing mechanisms for the resilience of large airports under emergency events［J］. Transportmetrica A：Transport Science，2018，14(10)：855-880.

［43］ GUO J X，LI H Y，YANG C Q. A Semi-Quantitative method of safety resilience assessment for airport operation system based on FRAM model［C］. 2022 8th International Symposium on System Security，Safety，and Reliability (ISSSR)，2022：6-13.

［44］ FATURECH R，LEVENBERG E，MILLER-HOOKS E. Evaluating and optimizing resilience of airport pavement networks［J］. Computers and Operations Research，2014，43：335-348.

［45］ AYYUB，BILAL M. Practical resilience metrics for planning, design, and decision-making［J］. ASCE-ASME Journal of Risk and Uncertainty in Engineering Systems，Part A：Civil Engineering，2015：04015008.

［46］ 李林华. 计及负荷特性的主动配电网分时段故障恢复优化研究［D］. 北京：北京交通大学，2019.

［47］ 张洁斐，任刚，马景峰，等. 基于韧性评估的地铁网络修复时序决策方法［J］. 交通运输系统工程与信息，2020，20(4)：14-20.

［48］ 黄信，杨立志，张永康，等. 暴雨灾害下机场基础设施网络韧性恢复策略研究［J/OL］. 北京航空航天大学学报，1-20［2024-08-01］. https：//doi.org/10.13700/j.bh.1001-5965.2024.0396.

［49］ 杨立志. 暴雨灾害下机场基础设施网络抗灾韧性研究［D］. 天津：中国民航大学，2024.

［50］ 程静，卢群，吴同政，等. 地铁网络级联失效恢复策略韧性评估方法［J］. 交通信息与安全，2023，41(4)：173-184.

16

第 2 章
机场基础设施韧性评价指标及灾害数据

为建立机场基础设施韧性量化分析方法，应提出机场基础设施韧性评价指标体系。构建韧性指标体系是筛选自然灾害事件的前提，韧性指标体系的作用是定量评价机场基础设施韧性恢复能力水平，同时作为历史自然灾害数据的选取对象，为分析机场基础设施韧性恢复时变规律提供依据。本章基于机场基础设施划分，提出基于物理韧性、功能韧性、经济韧性和组织韧性四个维度的韧性评价指标体系；基于机场灾害天气数据分析机场设施受灾过程，建立机场自然灾害事件筛选标准，筛选对机场基础设施韧性影响明显的灾害类型，并对获得灾害数据进行分析。

2.1　韧性评价指标体系

2.1.1　指标选取原则

为使评价指标体系科学化、规范化，根据已有的评价指标体系构建原则与依据[1]，机场基础设施韧性指标体系应具备以下特征：

1. 逻辑性

指标体系的构建应具有层次性和逻辑性，根据不同层面的特点反映出机场各子系统的主要状态，各子系统要从不同的方面体现研究对象的整体情况，例如经济、社会、功能子系统。每个子系统由一组指标项构成，指标项之间具有逻辑关系，互相影响、彼此独立或有内在联系，指标项在子系统内构成一个有机整体，各子系统从宏观到微观层层深入，组成评价指标体系。

2. 代表性

指标项具有一定的代表性，可以准确反映出待评价研究对象的物理、组织、社会等子系统的综合特征，并且便于数据获取和评价计算结果。此外，评价指标的划分标准应与自然和社会经济条件相适应，指标体系设计应具有科学性，可以结合经验与规范筛选并构建指标体系。

3. 可量化性

指标描述应简单明了，便于收集和获得，计算方法尽量一致且统一，具有现实可操作性和可量化性，以便于统一度量以及数据计算和分析。构建的指标体系未来可以用于评价参照，对一定区域和范围具有权威性和服务能力。

4. 系统性

由于研究对象为机场基础设施，应梳理其在不同级别、地域及应对不同灾害下的层级系统，在相应的评价体系中，全面考虑影响机场功能、组织、经济的诸多因素，从而进行系统性的综合评价和分析。

2.1.2 机场基础设施划分

机场基础设施系统是指各种自然灾害作用下机场内被作用和影响的对象，涉及机场具体运营设施设备、直接与间接的经济损失和机场运营活动的人员等。在机场基础设施系统中，各类基础设施应对灾害的抵抗能力、灾后恢复能力以及对机场正常运行的影响程度不同，参考《民用机场工程项目建设标准》（建标 105—2008）的机场基础设施分类标准，确定自然灾害对机场运行过程中受到影响的设施，如图2-1 所示。

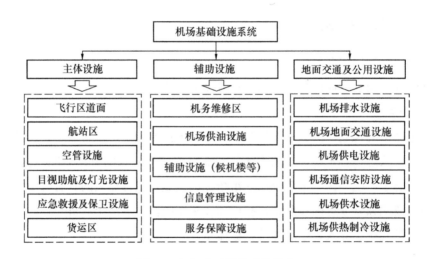

图 2-1 机场基础设施系统构成

机场基础设施主要由主体设施、辅助设施、地面交通及公用设施组成。主体设施可进一步划分为飞行区、航站区以及辅助飞行区，机场主体设施是机场基础设施功能的主要承载体[2]，也是灾害直接影响机场功能运作的受灾体，其承载了从旅客转运至航站楼到飞机起飞的大部分功能，是机场区域特有的基础设施；辅助设施主要为机场的后勤保障工作提供辅助服务，相对而言，自然灾害下辅助设施受损对机场功能正常运行的影响相比主体设施较小；地面交通及公用设施为机场工作人员以及机场正常运行提供了基础服务，是机场基础设施的基本保障。

2.1.3　韧性评价指标体系构建

目前，针对交通基础设施系统、交通基础设施网络、灾害风险管理和能源等领域的韧性指标包括社会、经济、环境、制度等方面[3]。对于机场基础设施的韧性，可将机场划分为自然环境、技术设施、服务链条、管理体系子系统，再通过构建灾害韧性指标反映各子系统的韧性水平。考虑机场基础设施韧性的评价主体是飞行区、航站区的设施，而设施设备的使用必然受到人为因素和经济因素的影响，因此物理韧性、功能韧性、经济韧性以及组织韧性会对机场基础设施韧性恢复能力产生积极影响。机场基础设施韧性指标如图 2-2 所示，其中指标 $H_1 \sim H_4$ 的含义详见第 3.1.3 节。

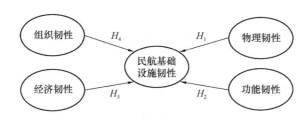

图 2-2　机场基础设施韧性指标

物理韧性主要考虑自然灾害对机场运行造成影响的物理设施。功能韧性主要包括跑道滑行道系统通行效率、航站区旅客通行效率以及应急救灾效率。经济韧性主要考虑区域经济发展水平、直接经济损失及间接经济损失。组织韧性主要包括灾害预警系统、应急管理预案以及日常运维管理。

建立的指标体系应针对具体灾害事件，例如针对暴雪灾害，应构建暴雪灾害下机场基础设施功能韧性指标体系，本书后续将开展机场基础设施在暴雪灾害下的韧性评估分析[4-5]。

1. 物理韧性指标

基础设施系统的物理韧性主要基于技术维度，自然灾害下基础设施物理指标的可靠程度是韧性的重要组成部分[6-7]。物理韧性指标参考《民用机场工程项目建设标准》（建标 105—2008），选取机场主体设施和部分可能受影响的辅助设施、地面交通及公用设施，作为暴雪灾害下机场功能损失的主要承灾体。

2. 功能韧性指标

基于暴雪灾害对机场的影响，将机场正常运行的主要指标划分为跑滑系统通行效率、航站区旅客通行效率以及应急救灾效率。跑滑系统通行效率主要受积雪下道面状况的影响，考虑积雪降低跑道摩擦系数而影响飞机安全起降。航站区旅客通行效率根据功能不同划分为两种类型，一种是航站楼空侧旅客通过登机桥登机或通过机坪摆渡车远机位登机的效率，另一种是航站楼陆侧交通道路进出港车辆的通行效率。机场应急救灾效率主要受道面除冰雪能力的影响，主要除冰雪措施包括派遣除雪队 24h 轮流除雪作业，出动吹雪车、铲雪车、扫雪车等进行积雪清扫工作，以及喷洒除冰液防止道面再次结冰。

3. 经济韧性指标

经济韧性是指经济体（包括个人、家庭、区域和国家）应对外部干扰的能力[8-9]。机场基础设施经济韧性可以划分为区域经济发展水平、直接经济损失以及间接经济损失。区域经济发展水平的高低决定了当地机场基础设施建设水平、机场周边环境保护治理水平以及抵抗重大风险水平的能力，区域经济规模评定常用区域经济生产总值作为测量指标。机场受灾时可采用直接经济损失和间接经济损失评定受灾的严重程度。机场停航会导致航班延误、停飞等，产生额外费用，关闭跑道或低效率运行会产生调机、食宿的额外费用，同时特大暴雪可能会导致人员伤亡、财产损失，上述因素会影响暴雪灾害下机场基础设施的经济韧性。

4. 组织韧性指标

组织韧性是指发现系统内外部环境变化、面对意外事件制定和实施解决方案以及意外事件发生后有目的地适应变化的能力，包括预期能力、应对能力与适应能力[10]。暴雪灾害下机场基础设施的组织韧性可以从灾害预警系统、应急管理预案以及日常运维管理的角度进行划分。目前机场通用的灾害预警系统为机场场监系统，可以为飞行区、航站区提供视频实时监控，并在灾害发生时第一时间为机场管理者提供灾害坐标。在民航领域中，机场运行指挥中心（AOC）负责机场应急突发事故的处理，并提供进离场飞行保障服务和地面保障服务，作为机场的最高一级指挥调度部门，AOC 同时负责联系协调各个部门，能在灾害发生之后迅速地有力协作、整合资源、输出政策，有条不紊地防止灾害的破坏性影响持续扩大[11-12]。

2.2 机场基础设施自然灾害事件筛选

为分析机场基础设施韧性功能恢复时变规律及机理，应建立灾害下机场基础设施的韧性功能恢复时变模型。从分析历史灾害事件出发，通过以往机场数据分析机场基础设施受灾过程，对机场可能遭遇的自然灾害进行分析判断，筛选独立的机场灾害事件，同时为第 5 章基于灾害数据建立机场基础设施韧性恢复模型提供灾害数据。

2.2.1　机场自然灾害分析

为了筛选历史灾害事件，应对各种自然灾害的级别进行评定。自然灾害对机场正常运营造成的影响，直接体现在飞机能否正常起降。灾害的大小对机场造成的影响有两种情况，第一种是灾害导致机场无法正常运行，整个机场停航；第二种机场可承受灾害的一定影响，满足适航条件，但其运行效率有所降低。两种情况都会导致灾害事件内的航班不能正常起降，即航班延误。针对各种自然灾害达到对机场造成航班延误的条件进行梳理，对降雨、降雪、风速、能见度以及气温五个因素进行逐一分析。

1. 降雨

一般降雨并不会影响机场正常运行，飞机可以正常起飞，但是降雨过程中往往会出现强对流天气、无法预测的风切变等因素，影响飞行安全。雨水强度是评定飞机能否正常起飞的重要因素，强降雨可能会导致当地空域出现下降气流，上升或者下降中的飞机飞入该空域时会因为失去部分升力而出现掉高度的现象。随着降雨量的增大，下降气流变大，其发生该现象的可能性和影响程度增大[12]。降雨导致以下情况发生时会对飞机起降造成影响：（1）强降雨导致跑道视程低于最低标准或雨水产生水雾严重影响飞行员视线；（2）跑道道面积水超过 3mm，雨水覆盖跑道后机轮在滑跑过程中产生划水现象，或飞机发动机吸入过多雨水导致发动机停止运转；（3）低空域产生下降气流或者强烈的低空风切变；（4）降雨伴随雷暴或积雨云等天气现象直接影响机场环境。

降雨强度通常用来计量某一地区的降雨量大小，由单位时间内的平均雨水降落量表示，降雨强度＝降雨量/降雨历时。我国气象部门采取的降雨强度标准为：（1）小雨：24h 降水量为 0.1～9.9mm；（2）中雨，24h 降水量为 10.0～24.9mm；（3）大雨，24h 降水量为 25.0～49.9mm；（4）暴雨，24h 降水量为 50.0～99.9mm；（5）大暴雨，24h 降水量大于等于 100.0mm。

2. 降雪

降雪会对跑道、航空器和机场工作人员产生影响，影响机场正常运行活动。降雪导致以下情况发生则会对机场正常运行造成影响：（1）降雪导致的道面积雪，阻碍飞机滑行以及起降；（2）降雪使飞机机身积冰或结冰，增加飞机重量，并可能造成机翼线型的改变与不平衡；（3）降雪可能降低机场内的能见度，影响飞行人员的视线。

降雪量的标准与降雨量类似，同属于降水，降雪等级标准为：（1）小雪：下雪时水平能见距离大于等于1000m，地面积雪深度小于3cm，24h降雪量为0.1～2.4mm；（2）中雪：下雪时水平能见距离为500～1000m，地面积雪深度为3～5cm，24h降雪量为2.5～4.9mm；（3）大雪：下雪时水平能见距离小于500m，地面积雪深度大于等于5cm，24h降雪量为5.0～9.9mm；（4）暴雪：24h内降雪量为10.0～19.9mm；（5）大暴雪：24h内降雪量大于等于20.0mm。

3. 风速

风对飞机起飞和降落的影响较为明显，根据与飞机飞行方向的关系可以划分为逆风、顺风以及侧风。逆风飞行会增加升力，因此飞机大多数在逆风情况起飞降落；顺风飞行会减少升力，飞机通常会避免在顺风情况下起降；飞机降落时遇到强侧风会导致飞机偏离跑道，产生安全隐患。

风速的大小通常用等级划分表示，气象中一般按风力划分为十二个等级，详见表2-1。按照不同飞机以及不同道面运行手册中的不同侧风标准，5级及以下风速对飞机起飞通常没有影响，6～8级的侧风会对飞机产生影响，9级及以上则禁止飞行。

风力等级对照表　　　　　　　　　　　　　　　　　　表2-1

风级	名称	风速 （km/h）	地面现象	风级	名称	风速 （km/h）	地面现象
0	无风	0	静，烟直上	7	劲风	50～61	步行困难
1	软风	1～5	烟示风向	8	大风	62～74	折毁树枝
2	轻风	6～11	感觉有风	9	烈风	75～88	小损房屋
3	微风	12～19	旌旗展开	10	狂风	89～102	拔起树木
4	和风	20～28	吹起尘土	11	暴风	103～117	损毁重大
5	清风	29～38	小树摇摆	12	台风	117～134	摧毁极大
6	强风	39～49	电线有声				

4. 能见度

能见度指正常视力观测者在当天天气条件下能从天空背景下看到或辨认出目标物的最大水平能见距离。能见度对飞机的正常起降有着直接的影响，可以作为气象条件简单还是复杂的判断依据。低能见度天气包括雾、烟幕、降水、吹雪、风沙等，低能见度环境对飞机起降存在极大的安全隐患，对于需要一定距离空域进行目视航行的飞行员造成极大困难。因此，出于安全考虑，机场通常在低能见度天气下选择停航，该因素成为航空运输延误的主要原因。我国机场的基本起飞最低标准为：1、2 发飞机能见度 1600m，3、4 发飞机能见度 800m。

5. 气温

常见的温度影响机场运行的事故中，低温天气导致的事故众多。低温环境会导致降雨降雪及空气中的水分在道面上迅速结成冰层，飞机滑行时轮胎和冰层间摩擦力减小，可能导致飞机在跑道上产生不规则滑动且不易保持方向，易发生冲出跑道的事故，危及飞行安全；低温还会导致过夜飞机结冰或积冰，不除冰会使飞机操作不灵，稳定性下降，影响飞行安全；此外，温度较高的环境空气密度较小，因此，温度越高，空气密度越小，飞机推力越小，耗油量越大。

2.2.2 灾害事件筛选

根据以上各种自然灾害的分析，总结各因素对机场运行产生影响的标准。规定降雨量和降雪深度为连续变量，侧风、低能见度以及低温为分类变量。侧风风速大于等于 6 级为对机场产生影响，用 1 表示；风速小于 6 级为正常环境，用 0 表示。能见度低于 1600m 为低能见度，用 1 表示；能见度高于 1600m 为正常环境，用 0 表示。气温等于或低于 1.67℃ 为低温环境，用 1 表示；气温高于 1.67℃ 为非低温环境，用 0 表示。

事件样本来源于 2019 年全年的机场起飞航班数据[4, 13]，结合全年气象站点数据，从中筛选灾害事件。从存在延误航班的时间点 t_1 开始，此后一段时间有大量航班延误且当地存在以上所述灾害因素时，即可认定发生了自然灾害事件导致的机场功能损失；到不存在天气因素导致的航班延误，即时间点 t_2 时截止，机场功能水平得到恢复，此时间段（t_1—t_2）定义为一个机场基础设施功能受到影响的自然灾害事件（简称机场灾害事件），详见图 2-3。

本方法可以有效地筛选机场灾害事件，对起飞地机场的抗灾韧性功能水平进行精准的量化。此外，收集了对应的机场参数，跑道类型为混凝土用 1 表示，沥青用 2 表示，两种都有用 3 表示；机场海拔为数值变量，单位为米；飞行区等级为分类变量，1 和 2 分别表示飞行区等级为 4E 和 4F。筛选部分结果如表 2-2 所示。

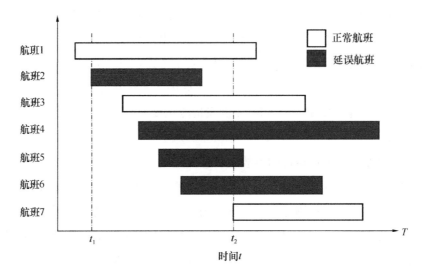

图 2-3 机场基础设施功能受到影响的自然灾害事件示意图

部分灾害事件展示 表 2-2

编号	受灾持续时间 (min)	航班峰值延迟时间 (min)	延误航班数量 (架次)	降雨量 (mm/24h)	降雪深度 (mm/24h)	低温	能见度	侧风	跑道类型	机场海拔 (m)	飞行区等级
1	1960	740	9	1.25	12	1	0	0	2	86.56	1
2	834	112	7	0.12	4	1	1	0	2	86.56	1
3	865	147	4	0.19	6	1	0	0	2	86.56	1
4	300	42	4	0.91	1	0	1	0	2	86.56	1
5	413	61	5	0.51	6	1	1	0	2	86.56	1
6	826	477	15	1.42	15	1	1	0	2	86.56	1
7	367	90	5	0.13	2	1	1	0	2	86.56	1
8	815	251	12	0.02	13	0	0	0	2	40.02	2
9	765	120	6	0	20	1	0	0	2	40.02	2
10	464	209	5	1.36	4	1	1	0	2	52.73	2
11	2367	160	19	4.64	6	1	0	1	2	52.73	2
12	770	138	6	0.44	5	1	0	0	2	52.73	2
13	1483	118	19	0.95	3	1	1	0	2	52.73	2
14	415	454	5	0.09	18	1	1	0	3	101.80	1

续表

编号	受灾持续时间 (min)	航班峰值延迟时间 (min)	延误航班数量 (架次)	降雨量 (mm/24h)	降雪深度 (mm/24h)	低温	能见度	侧风	跑道类型	机场海拔 (m)	飞行区等级
15	692	167	6	0.48	18	0	0	0	3	101.80	1
...											
136	609	165	9	0.8	0	0	0	1	0	392.58	1
137	1435	277	17	2.64	0	0	0	1	0	392.58	1
138	1320	538	11	0.17	0	1	0	1	1	392.58	1

2.2.3　灾害数据分析

筛选出 2019 年的机场历史灾害数据,可以得到平均受灾持续时间为 785.86min,平均航班峰值延误时间为 228.46min,平均延误航班数量为 25 架次。其中灾害数据的具体占比如表 2-3 所列。

自然灾害样本数量比例　　　　　　　　　　　表 2-3

自然灾害	所占比例	自然灾害	所占比例
中雨	39.13%	中雪	5.07%
大雨	18.84%	大雪	10.14%
暴雨	8.70%	暴雪	23.91%
侧风影响	16.67%	低气温影响	41.30%
低能见度影响	52.17%		

由自然灾害样本数量比例可知,受降雨、低能见度影响和低温影响的样本数量占比很大,都在 40% 以上。相比降雨和降雪天气而言,极端降雪天气影响的比例远高于极端降雨天气,降雨天气中以中雨更普遍,说明降雨对机场影响的下限高于降雪,而降雪对机场影响的上限更高。总体而言,降雨样本占比达到 66.7%,降雪样本比例达到 41.3%,是造成机场基础设施韧性功能损失的主要自然灾害。

机场特征数据的具体占比如表 2-4 所列。根据表 2-4 可知,样本数据中机场道面数据较为均衡,混凝土道面和沥青道面都占有一定比例;机场海拔方面以低海拔机场为主;机场等级以 4E 级别机场为主。可知灾害事件选取对应的机场类型较为丰富,灾害事件选取具有代表性。

机场特征样本数量比例　　　　　　　　　表 2-4

机场特征	所占比例	机场特征	所占比例
混凝土道面	33.35%	海拔 3000m 以上	9.42%
沥青道面	42.02%	海拔 500～3000m	26.09%
拥有两种道面	24.63%	海拔 500m 以下	64.49%
4F 机场	15.22%	4E 机场	84.78%

2.3　本章小结

本章分析了机场基础设施的分类，提出了机场基础设施韧性指标体系，并对机场自然灾害事件进行了筛选分析。主要结论如下：

（1）构建了以物理韧性、功能韧性、经济韧性和组织韧性四个维度为一级指标的机场基础设施韧性评价指标体系，以机场主体设施为主要研究对象，辅助设施等为次要研究对象，以暴雪灾害为例，建立了对应于一级指标体系下的二级指标体系，为后续机场基础设施韧性评价和恢复研究提供支撑。

（2）分析了多种天气因素对机场正常运行的影响，筛选了历史灾害事件并进行统计，确定了降雨和降雪为影响机场基础设施韧性功能损失的主要自然灾害，为构建机场基础设施韧性功能恢复模型提供数据支持。

参 考 文 献

[1]　周映雪．基于生存分析的城市道路交通拥堵持续时间研究[D]．北京：北京交通大学，2013.

[2]　吴堃，林熙杰，陈宇，等．ECC-混凝土组合机场道面力学性能及疲劳寿命分析[J]．中国民航大学学报，2023，41(5)：27-33.

[3]　周映雪，杨小宝，环梅，等．基于生存分析的城市道路交通拥堵持续时间研究[J]．应用数学和力学，2013，34(1)：98-106.

[4]　黄信，谭成松，吴堃，等．暴雪灾害下机场基础设施韧性研究[J]．中国安全科学学报，2023，33(12)：198-205.

[5]　谭成松．自然灾害下民航基础设施韧性功能恢复模型研究[D]．天津：中国民航大学，2023.

[6]　张梦洁．基于生存分析的公交停靠耗费时间影响因素研究[D]．成都：西南交通大

学，2019.

[7] 赵发成，王武宏，郭宏伟，等．基于生存分析的机非干扰规避行为分析与建模[J]．道路交通与安全，2015，15(1)：30-34.

[8] 刘香洋．城市更新视角下单位制社区韧性评估体系构建及优化策略研究[D]．北京：北京建筑大学，2022.

[9] 李连刚，张平宇，谭俊涛，等．韧性概念演变与区域经济韧性研究进展[J]．人文地理，2019，34(2)：1-7＋151.

[10] 李彤玥，牛品一，顾朝林．弹性城市研究框架综述[J]．城市规划学刊，2014(5)：23-31.

[11] 毕玮，汤育春，冒婷婷，等．城市基础设施系统韧性管理综述[J]．中国安全科学学报，2021，31(6)：14-28.

[12] 方东平，李在上，李楠，等．城市韧性——基于"三度空间下系统的系统"的思考[J]．土木工程学报，2017，50(7)：1-7.

[13] HUANG X, YANG L Z, WU K, et al. Study on the resilience recovery of civil aviation infrastructure based on the cox proportional hazard model[J/OL]. Natural Hazards，2024，https：//doi. org/10. 1007/s11069-024-06814-8.

第 3 章
基于指标体系的机场基础设施韧性评价方法

3.1 韧性分析模型

3.2 韧性指标调查问卷设计

3.3 CFA 模型建立及分析

3.4 机场韧性水平评价

3.5 本章小结

　　我国天气灾害频发，机场基础设施系统复杂，研究天气灾害下机场基础设施的韧性能力具有重要意义。基于构建的机场基础设施韧性评价指标体系，以暴雪灾害为研究场景，采用专家问卷调查法对机场设施韧性指标进行评价，构建验证性因子分析模型（CFA 模型）对指标体系理论模型进行分析，系统研究各类韧性指标对机场基础设施韧性水平的影响；同时提出利用 CFA 模型构建评价指标权重因子，采用模糊综合评价法定量评估机场基础设施的韧性水平，为机场基础设施韧性量化评估提供分析方法。

3.1　韧性分析模型

3.1.1　结构方程模型

　　结构方程模型（Structural Equation Modeling，SEM），又称为潜在变量模型，属于多变量统计，它包含因子分析与路径分析两种统计方法，通过建立并检验模型中显性变量、潜在变量以及误差间的关系，进而获得自变量对因变量的直接效果和间接效果。通过理论方法或规范经验假设模型影响关系结构，之后采用收集变量数据验证假定的结构关系或模型的合理性与正确性[1]，因子模型如图 3-1 所示，其中 $X_1 \sim X_6$ 为观察变量，η_1、η_2 为一阶因子潜变量，λ_{11}、λ_{21}、λ_{31}、λ_{42}、λ_{52}、λ_{62} 为一阶负荷，$e_1 \sim e_6$ 为测量误差。

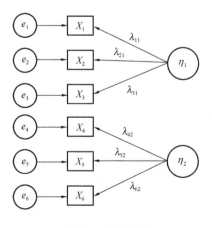

图 3-1　因子模型

结构方程模型由测量模型与结构模型组成，测量模型（因子模型）即因子分析，结构模型即路径分析[2]。测量模型包括潜变量与观察变量，结构模型即潜变量间因果模型的关系解读。观察变量也称显变量，是通过量表或问卷等工具可以获得的数据，可以直接观察并测量；潜变量无法直接观测，是观察变量间所形成的特质或抽象概念，由观察变量测得的数据来反映。

由图 3-1 所示的六个观察变量、两个一阶因子潜变量所建立的六个回归方程式如下所示：

$$
\begin{aligned}
X_1 &= \lambda_{11} \eta_1 + e_1 \\
X_2 &= \lambda_{21} \eta_1 + e_2 \\
X_3 &= \lambda_{31} \eta_1 + e_3 \\
X_4 &= \lambda_{42} \eta_2 + e_4 \\
X_5 &= \lambda_{52} \eta_2 + e_5 \\
X_6 &= \lambda_{62} \eta_2 + e_6
\end{aligned} \tag{3-1}
$$

将上述回归方程中的测量误差均设定为 1，表示限制潜在因素与测量误差间具有相同的测量尺度，以矩阵方式表示为：

$$
\begin{pmatrix} X_1 \\ X_2 \\ X_3 \\ X_4 \\ X_5 \\ X_6 \end{pmatrix} = \begin{pmatrix} \lambda_{11} & 0 \\ \lambda_{21} & 0 \\ \lambda_{31} & 0 \\ 0 & \lambda_{42} \\ 0 & \lambda_{52} \\ 0 & \lambda_{62} \end{pmatrix} \begin{pmatrix} \eta_1 \\ \eta_2 \end{pmatrix} + \begin{pmatrix} e_1 \\ e_2 \\ e_3 \\ e_4 \\ e_5 \\ e_6 \end{pmatrix} \tag{3-2}
$$

结构方程模型被广泛应用于各种科学领域的研究中，近年来，随着指标评价体系研究的推进，其在指标评价体系构建中起到了关键性的作用。由于其结合了许多分析方法的优点，与线性回归分析等方法相比，结构方程模型具有以下优势和特点：

第一，结构方程模型的结构明确、机理清晰，可以将抽象的测量变量用具体的变量量化表示，由此更好地反映抽象变量的意义。它不仅可以对不同的潜在概念进行定性分析，也能对概念之间的相关及因果关系给出定量的结果。

第二，结构方程模型可以对多个因变量进行处理，并对各因变量之间的直接效应和间接效应进行处理和分析；存在多个变量的情况下，可以将各种因素的测量以及结构关系纳入统一模型，对其进行因果关系的判别；若将其单一处理会影响结果的可靠性。

第三，结构方程模型对于自变量及因变量测量误差的包容度更大，在检验样本的信度和效度时可以将误差包含在因素分析过程中，其分析出的结果包含的测量误差的相关系数更为精准。

第四，结构方程模型可以根据模型的适配度指标不断进行模型修正，在不断构建模型的过程中，拟合出最佳的数据关系。

3.1.2　高阶验证性因子分析模型

在 SEM 分析模型中，只有测量模型而无结构模型的回归关系即为验证性因子分析。因子分析包括探索性因子分析（Exploratory Factor Analysis，EFA）与验证性因子分析（Confirmatory Factor Analysis，CFA）。EFA 偏向于理论的产出，目的在于确认因子结构并考虑因子负荷的组型，偏向于理论检验，旨在解释变量间的相关或共变关系；CFA 侧重于对理论模型相互关系的检验以及各指标项之间关联程度的量化。

CFA 模型建模过程如下：

（1）构建模型。根据研究对象构建研究变量的关系模型，即构建各变量之间的因果关系图。

（2）模型识别。在执行 CFA 模型时需确保参数估计存在唯一解，通常通过施加约束条件来实现，例如设置潜在变量的缩放或对因子模型矩阵的限制。

（3）模型评估。对模型的拟合效果进行评估，包括卡方检验的卡方值、自由度，拟合指数 CFI、TLI、RMSEA 等，同时结合路径系数对模型的合理性进行判断。

（4）模型修正。对模型的拟合结果是否符合标准进行判断，若有偏差则需要参考模型修正指标对模型进行修正。修正过程主要是通过对偏差太大的指标进行删减或增加新的路径系数，使得模型的适配度逐渐提高，反复修正在模型的构建过程中是必要的，以此获得符合现实因素和理论考量的最优模型。

验证性因子分析模型（CFA 模型）是根据先验信息，构建变量间的关系模型，对未知因子负荷等参数进行估计，通过测量模型检验观测变量与潜变量的假设关系。参数估计采用最大似然估计，可提供模型拟合优度统计量以及参数估计的标准误差。通过验证性因子分析，可以对机场基础设施韧性模型评价拟合优度，验证其理论构架。潜变量与观测变量的关系如式（3-3）和式（3-4）所示。

$$X = \Lambda_x \eta + e \qquad\qquad (3\text{-}3)$$

$$\eta = \Gamma \xi + \zeta \qquad\qquad (3\text{-}4)$$

式中，$X(X_1, X_2, \cdots, X_n)$ 代表观察变量；Λ_x 代表一阶负荷；η（$\eta_1, \eta_2, \cdots, \eta_n$）代表一阶因子潜变量；$e$（$e_1, e_2, \cdots, e_n$）代表测量误差；$\xi$ 代表二阶因子潜变量；ζ（$\zeta_1, \zeta_2, \cdots, \zeta_n$）代表一阶因子残差；$\Gamma$ 代表二阶因子潜变量在一阶因子潜变量上的负荷。

3.1.3 研究假设

根据第 2 章韧性指标构建的原则，初步构建暴雪灾害下机场基础设施韧性指标体系，包括 4 个一级指标和 30 个二级指标，后续将根据问卷调查结果，检验每一个指标的有效性，以确定最终的韧性指标体系。指标体系采用如下假设，并在此后分析中对假设进行检验：

H_1 表示机场基础设施物理韧性对机场基础设施韧性水平产生正向影响；

H_2 表示机场基础设施功能韧性对机场基础设施韧性水平产生正向影响；

H_3 表示机场基础设施经济韧性对机场基础设施韧性水平产生正向影响；

H_4 表示机场基础设施组织韧性对机场基础设施韧性水平产生正向影响；

H_5 表示机场基础设施韧性水平是机场基础设施物理韧性、功能韧性、经济韧性和组织韧性的高阶因子。

3.2 韧性指标调查问卷设计

3.2.1 问卷设计

问卷设计阶段，首先根据建立的机场基础设施韧性水平指标体系设计问卷初稿，与机场专业人员、民航设计院专家、业界学者讨论后整理了 12 条建议，经过反复审核、修改和完善，最终问卷包含 4 个因子、30 个测度项，问卷由被调查者个人基本信息和评价指标重要性程度两部分组成。基于对专家意见的优化分析，确保针对机场基础设施韧性评价研究具有合理性。问卷采用李克特 5 级量表方法设计问卷，1 表示"不重要"，5 表示"非常重要"。设计完成后的问卷通过调查网站发布，主要邀请有经验的机场工作者、航空公司从业者，以及其他民航业内专家和部分非民航类从业者进行问卷填写，问卷调查重点分析暴雪对机场基础设施水平的影响。

3.2.2　样本描述性统计

问卷调查中共收回问卷 183 份[3]，将问卷填写用时短且填写不规范的问卷定义为无效问卷；审核所有回收的问卷后，考虑到问卷的专业性强度，去除掉非民航从业受访者后确定了 142 份有效问卷，问卷使用率达到 77.6%。筛选确定的 142 个有效样本的描述性统计，如表 3-1 所示。

调查问卷样本统计情况　　　　　　　　　　　　表 3-1

统计类型	分类	占比	统计类型	分类	占比
年龄	低于 30 岁	55.6%	从事行业	民航研究院所	18.3%
	30~45 岁	24.6%		其他民航类	13.4%
	高于 45 岁	19.8%	从业年限	低于 4 年	45.7%
从事行业	机场	43.7%		4~10 年	23.9%
	航空公司	24.6%		高于 10 年	30.4%

由表可知，本问卷调查对象均从事民航相关行业工作，其中从事行业为机场和航空公司的调查对象占比达到 68.3%。机场从业者中，基建部门从业者占 24.2%，运行指挥中心从业者占 17.7%，安检从业者占 17.7%；航空公司从业者中，机组工作者占比达到 60.0%。因此，问卷调查对象具备完成本次机场韧性水平问卷调查的专业能力。此外，问卷调查对象年龄结构合理，从事民航工作 4 年及以上人员占比达到 54.3%。

3.3　CFA 模型建立及分析

3.3.1　因子分析及模型修正

为保证问卷的结构效度，利用 SPSS 26.0 软件对得到的数据进行因子分析，根据探索性因子分析结果以及理论和规范要求，建立了高阶验证性因子分析模型（CFA 模型）。输出结果中 χ^2/df（卡方/自由度）值为 3.148，GFI（拟合优度指标）和 AGFI（调整后的拟合优度指标）值分别 0.563 和 0.493，CFI（比较拟合指数）和 RESEA（近似误差均方根）值分别为 0.779 和 0.123，未达到适配指标，需要对模型指标进行修改。经过多次模型修正，探索性因子分析中指标题项分配较好，且 CFA 模型初步满足要求，最终确定了模型的 20 个指标，如表 3-2 所列，其中核心飞行区道面包括跑道、机坪、滑行道、联络道等，航站区包括航站楼、服务设施、进场路等，航站区空侧旅客通行效率表示旅客通过登机桥登机或通过机坪摆渡车远机位登机的效率。20 个观察变量需要 100~200 个样本，本次问卷调查收集的 142 个有效样本满足样本量要求。

暴雪影响下的机场韧性水平指标体系　　　　　　　　　　　表 3-2

一级指标（潜变量）		二级指标（观察变量）	标志符号
物理韧性	起降设施	核心飞行区道面（跑道、机坪、滑行道、联络道等）	P_1
		空管设施	P_2
		目视助航及灯光设施	P_3
	辅助设施	航站区（航站楼、服务设施、进场路等）	P_4
		机务维修区	P_5
		机场排水系统	P_6
		机场地面交通设施	P_7
		机场供电设施	P_8
功能韧性		道面排水坡度（飞行区）	F_1
		航站区空侧旅客通行效率	F_2
		保障设施服务能力（如除雪设施）	F_3
经济韧性		客货运盈利损失	W_1
		除雪设备以及除雪剂等救灾消耗物资	W_2
		调机、食宿费用	W_3
		人员、财产伤亡直接损失	W_4
组织韧性		应急救灾物资储备	Q_1
		机场人员管理	Q_2
		场监系统（预警技术、覆盖范围等）	Q_3
		滑行道与联络道布局	Q_4
		各部门协同联动性	Q_5

3.3.2　测量模型信度与效度检验

采用 SPSS 26.0 和 AMOS 26.0 对测量模型进行信效度检验。首先对描述机场基础设施韧性水平的四大指标按照主成分降低数据集维数进行适用性检验，结果显示 KMO（Kaiser-Meyer-Olkin 检验）值为 0.944，Bartlett 球体检验的 χ^2 统计值的显著性概率为 0.000，表明问卷数据非常适合做因子分析。

对问卷数据进行主成分分析，结果如表 3-3 所示。通过对多个变量进行降维，将相关性强的变量分为一类，利用因子分析法找出合适的因子数，从而对所有样本进行聚类分析。由表 3-3 可知，20 个指标中提取了 4 个主成分的累计方差，贡献率达到了 73.162%，说明提取的 4 个主成分可以很好地解释问卷中所有变量的主要信息，并且能够充分反映原始数据。

对问卷数据进行信度检验。信度分析即对收集到的数据进行可靠性分析，通过内在信度分析，信度越高，各变量的一致程度越高，表示数据的可靠性越强，变量的意义越大。目前最常用的信度系数是 Cronbach's α 系数，其值区间范围在 0.65 以下表示数据不可靠；0.65~0.70 表示最小可接受值；0.70~0.80 表示可靠性较强；0.80~0.90 表示数据信度非常好。模型的信度分析中除了功能韧性的 Cronbach's α 系数为 0.782，接近 0.8，其余各个构面的 Cronbach's α 系数均大于 0.8，说明问卷数据具有较高的信度[4]。

总方差解释表　　　　　　　　　　　　　　　　　　　　　　表 3-3

成分	初始特征值			提取载荷平方和			旋转载荷平方和		
	总计	方差百分比（%）	累计（%）	总计	方差百分比（%）	累计（%）	总计	方差百分比（%）	累计（%）
1	11.343	56.716	56.716	11.343	56.716	56.716	4.975	24.874	24.874
2	1.280	6.398	63.114	1.280	6.398	63.114	4.154	20.770	45.644
3	1.140	5.700	68.814	1.140	5.700	68.814	2.956	14.781	60.425
4	0.870	4.348	73.162	0.870	4.348	73.162	2.547	12.737	73.162

对模型的收敛效度进行验证性因素分析，整理后的数据如表 3-4 所示。其中 Unstd 为非标准化因子负荷量；SE 为标准误差；t-value 值为 Unstd 与 SE 之比，当 t-value 大于 1.96 时代表研究数据显著；P 为非标准化系数显著性水平，* * * 表示 P 值小于 0.01，当 P 值小于 0.05 时表示数据显著。所有构面的标准化因子负荷量均在 0.6 以上（表 3-4 中 Estimate 列数据），且显著；组成信度（Composite Reliability，即 CR 值）均高于 0.8，平均变异数萃取量（Average Variance Extracted，即 AVE 值）均大于 0.5。上述结果均符合验证标准，即因子负荷量大于 0.5，组成信度大于 0.6，平均变异数萃取量大于 0.5。因此，建立的模型具有良好的收

敛效度[5]。

测量模型的信度和收敛效度分析　　　　　　表 3-4

构面	指标	参数显著性估计				因子负荷量 Estimate	题目信度 SMC	组成信度 CR	收敛效度 AVE	内在信度 Cronbach's α
		Unstd	SE	t-value	P					
机场基础设施韧性水平	物理韧性	1	—	—	—	0.954	0.910	0.968	0.884	0.958
	功能韧性	1.083	0.142	7.64	***	0.994	0.988	—	—	—
	经济韧性	0.972	0.118	8.241	***	0.896	0.803	—	—	—
	组织韧性	0.977	0.108	9.066	***	0.913	0.834	—	—	—
物理韧性	起降设施	1	—	—	—	0.876	0.767	0.912	0.839	0.911
	辅助设施	1.065	0.124	8.603	***	0.954	0.910	—	—	—
功能韧性	F_1	1	—	—	—	0.678	0.460	0.798	0.571	0.782
	F_2	1.049	0.128	8.17	***	0.756	0.572	—	—	—
	F_3	0.955	0.108	8.828	***	0.826	0.682	—	—	—
经济韧性	W_1	1	—	—	—	0.798	0.637	0.839	0.567	0.830
	W_2	0.955	0.1	9.592	***	0.764	0.584	—	—	—
	W_3	1.021	0.102	10.031	***	0.792	0.627	—	—	—
	W_4	1.011	0.128	7.87	***	0.647	0.419	—	—	—
组织韧性	O_1	1	—	—	—	0.863	0.745	0.927	0.719	0.929
	O_2	1.172	0.082	14.21	***	0.880	0.774	—	—	—
	O_3	1.098	0.074	14.807	***	0.900	0.810	—	—	—
	O_4	1.015	0.084	12.074	***	0.805	0.648	—	—	—
	O_5	1.004	0.086	11.612	***	0.786	0.618	—	—	—
起降设施	P_1	1	—	—	—	0.847	0.717	0.859	0.671	0.885
	P_2	1.13	0.102	11.111	***	0.846	0.716	—	—	—
	P_3	0.845	0.058	14.506	***	0.761	0.579	—	—	—
辅助设施	P_4	1	—	—	—	0.764	0.584	0.877	0.588	0.874
	P_5	0.96	0.095	10.065	***	0.811	0.658	—	—	—
	P_6	1.027	0.111	9.265	***	0.755	0.570	—	—	—
	P_7	1.115	0.116	9.639	***	0.781	0.610	—	—	—
	P_8	1.034	0.118	8.773	***	0.720	0.518	—	—	—

3.3.3 结构模型分析

1. 结构模型整体配适度评价

通过 AMOS26.0 对研究模型进行结构方程拟合分析，验证模型假设。经过拟合修正后，最终模型拟合指数如表 3-5 所示，其中，RMR 为残差均方根，PGFI 为简约适配度指数，NFI 为标准化拟合指数，IFI 为增值拟合指数，TLI 为塔克-刘易斯指数。与主要适配指标的推荐值相比，除 AGFI 接近推荐值 0.8 以外，其他适配指标的拟合值都在推荐值范围内，说明建立的模型拟合程度较好。

结构方程模型的配适度指标值　　　　　　　　　　　　　　表 3-5

指标	χ^2	df	χ^2/df	RMR	GFI	AGFI	PGFI	NFI	IFI	TLI	CFI	RMSEA
推荐值	—	—	<3	<0.05	>0.8	>0.8	>0.5	>0.8	>0.9	>0.9	>0.9	<0.08
计算值	302.826	162	1.869	0.045	0.825	0.773	0.636	0.872	0.936	0.924	0.935	0.079

2. 研究假设检验

机场基础设施韧性水平评价模型的标准化路径系数如图 3-2 所示。模型的运行结果验证了假设条件，分析结果表明：机场基础设施物理韧性（H_1）对机场基础

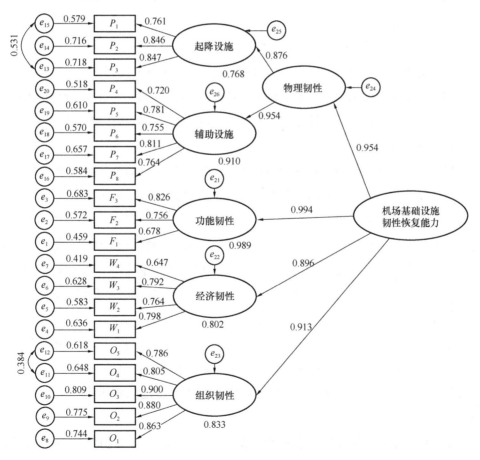

图 3-2　机场基础设施韧性水平评价模型标准化路径系数

设施韧性水平产生正向影响，路径系数为 0.954，假设成立。机场基础设施功能韧性（H_2）对机场基础设施韧性水平产生正向影响，路径系数为 0.994，假设成立。机场基础设施经济韧性（H_3）对机场基础设施韧性水平产生正向影响，路径系数为 0.896，假设成立。机场基础设施组织韧性（H_4）对机场基础设施韧性水平产生正向影响，路径系数为 0.913，假设成立。高阶 CFA 模型（H_5）的路径系数均为 0.9 以上，说明机场基础设施韧性水平是机场基础设施物理韧性、功能韧性、经济韧性和组织韧性的高阶因子，假设成立。

3. 结果分析

由图 3-2 可知，因子负荷量都在 0.9 以上，说明机场基础设施韧性水平是机场基础设施物理韧性、功能韧性、经济韧性和组织韧性的高阶因子，假设 H_5 成立；同理假设 $H_1 \sim H_4$ 均成立。相对物理韧性、经济韧性和组织韧性而言，暴雪灾害下功能韧性对机场基础设施韧性恢复的影响最为显著，路径系数高达 0.994。功能韧性中保障设施服务能力（F_3）的路径系数最大，为 0.826，表明机场保障设施的服务能力越好，在遭遇灾害时机场的应对能力越强。对暴雪灾害而言，保障设施服务能力主要为飞行区道面除雪能力，即短时间内让跑道恢复到可正常运行水平的能力，因此机场保障设施设备应准备充足，并加强保障设施服务人员的处理能力，提高服务效率。同时，应通过优化航站区合理布局，提高空侧旅客通行效率，从而保障到达旅客及时疏散。

机场基础设施物理韧性包括起降设施和辅助设施两部分，路径系数分别为 0.876 和 0.954。起降设施中，目视助航及灯光设施的路径系数最大，为 0.847。助航灯光设施是保障飞机在夜间或者低能见度环境下安全起降的重要设施，应及时清除影响目视助航设施以及导航设备电磁信号的冰雪。辅助设施中，机场地面交通设施的路径系数最大，为 0.811。机场地面交通设施包括陆侧地面交通设施和空侧地面交通设施。陆侧地面交通设施承担了连接停车场、航站楼以及其他陆侧区域的功能，在暴雪灾害下为转移旅客提供服务；空侧地面交通设施则承担接送旅客、运输货物等任务，暴雪灾害下机场、航空公司将出动除雪车、铲雪车等设备对机场积雪道面进行清理。因此，为确保暴雪灾害下机场地面交通设施的通行能力，机场应具备足够的除雪设施，并优化暴雪灾害下机场基础设施除雪方案，提高除冰雪效率。

暴雪灾害下组织韧性指标中的场监系统（预警技术、覆盖范围等）对机场基础设施韧性恢复影响最大，因为场监系统对飞行区内的地面活动引导起到关键作用，应在暴雪前期引导场区的剩余飞行任务，提高效率、监控灾情，从而减少灾害带来的损失。此外，暴雪后通过场监系统指导地面人员快速除雪，有利于机场快速恢复正常运行。所以应加强智慧机场建设，将数字化、可视化技术与机场三维全景监测系统结合，实现基础设施防控进行全过程监控；同时对航班、旅客、行李、车辆实施集中化、精细化、协同化运行和管理，通过和塔台交流合作，实现信息互通、席位融合、协同放行等协调机制，充分发挥数字化机场统一指挥、调度、发布信息的核心作用，最大限度保障航班运行。除场监系统外，机场人员管理以及应急救灾物资储备的路径系数分别达到 0.863 和 0.880，两者对机场组织后勤管理应对突发灾害有着重要作用。

经济韧性指标中的客货运盈利损失和调机、食宿费用对机场基础设施韧性恢复的影响最大，路径系数分别为 0.798 和 0.792。客运和货运在民航运输机场和通用机场的盈利占比较大，暴雪灾害导致停航是机场和航空公司经济损失的主要原因。同时，当滞留旅客数量达到一定量时，调机、食宿费用产生的开销不容忽视。因此，为提升暴雪灾害下机场韧性水平，应合理调配航班表、采取储备食宿等手段，以减少灾害发生时的经济损失。

3.4　机场韧性水平评价

为实现机场基础设施韧性水平的量化分析和评价，以某机场为例，通过引入模糊综合评价模型对机场韧性进行评价。采用上述高阶验证性因子分析模型确定评价指标权重，利用模糊数学的隶属度理论将定性评价转化为定量评价。

3.4.1　模糊综合评价方法

模糊理论为美国加利福尼亚大学控制论教授扎得在 1965 年结合模糊数学提出的一种理论方法。模糊理论将数学方法与客观不易定量的因素结合，将专家打分方法得到的数据转化为具体评价数值，从而达到具体量化抽象问题的目的，该方法可以系统性地解决难以通过精准数据表达的问题[6]。

由映射

$$\mu_A : U \rightarrow [0, 1] \tag{3-5}$$

$$x \mid \rightarrow \mu_A(x) \tag{3-6}$$

在论域 U（研究的范围）中待评价的任意一个因素 x，都存在 $[0，1]$ 范围的

一个数 μ_A 与之对应，则 A 为论域 U 上的模糊子集[7]，其中 $\mu_A(x)$ 称为 x 对 A 的隶属度，当 x 在 U 中变动时 μ_A 即为一个函数，称为 A 的隶属函数。当隶属度 $\mu_A(x)$ 越接近 1 时，表示因素 x 属于集合 A 的程度越高，即隶属程度越大；当隶属度 $\mu_A(x)$ 越接近 0 时，表示因素 x 属于集合 A 的程度越低，即隶属程度越低。

对事物进行综合评价[8-9]的过程大多会存在模糊因素，因此采用模糊综合评价能够更好地得出评价结果。当前模糊综合评价方法被广泛应用于建筑工程领域[10]、交通工程领域[11]、综合运输领域[12]以及民航领域[13]。

模糊综合评价的过程首先需要分析研究对象的影响因素或者研究事物的因素集合，即论域 U，其次需要建立对论域 U 中各个因素进行评价的评语集 M。

$$U = \{x_1, x_2, \cdots, x_n\} \tag{3-7}$$

$$M = \{M_1, M_2, \cdots, M_m\} \tag{3-8}$$

有序组 (x_i, M_j) 中，评语集中划分的等级 M_j 往往是因素 x_i 论域上的一个模糊子集。当已知待评价研究对象的结构形式，即论域 U 中的各因素 x_i 已知时，便可根据模糊数学理论得到各因素对评语集中各等级的隶属度：

$$r_{ij} = M_j(x_i) \qquad (j = 1, 2, \cdots, n) \tag{3-9}$$

由对应的隶属度可以得到各因素 x_i 和评语集 M 的模糊关系向量：

$$\boldsymbol{r}_i = (r_{i1}, r_{i2}, \cdots, r_{im}) \quad (i = 1, 2, \cdots, m) \tag{3-10}$$

将所有因素 x_i 对评语集 M 的模糊关系向量组合，即可得到 U 和 M 之间的模糊关系矩阵，也称为评价矩阵：

$$\boldsymbol{R} = \begin{pmatrix} \boldsymbol{r}_1 \\ \boldsymbol{r}_2 \\ \vdots \\ \boldsymbol{r}_m \end{pmatrix} \begin{pmatrix} r_{11} & r_{12} & \cdots & r_{1n} \\ r_{21} & r_{22} & \cdots & r_{2n} \\ \cdots & \cdots & \cdots & \cdots \\ r_{m1} & r_{m2} & \cdots & r_{mn} \end{pmatrix} \tag{3-11}$$

为了建立论域 U 和评语集 M 之间的模糊关系，需要得到各因素的模糊关系向量 $\boldsymbol{r}_i$，因此需要得到各因素对评语集中各等级的隶属函数。隶属函数大多采用经验评价和专家讨论打分等方法来得到，具有一定的经验性和主观性。

考虑到在综合评定过程中，论域 U 中各因素 x 对待评价研究对象的重要性或贡献度往往不同，因此需要考虑各因素对评价等级影响的大小。根据单因素 x_i 的特征以及对评定等级的贡献能力大小，可结合实际经验进行确定，满足 $\sum_{i=1}^{m} W_i = 1$，即各因素对整体的贡献之和应等于待评价研究对象本身，$W = (W_1, W_2, \cdots, W_n)$ 即为待评价研究对象的权重向量。

假设 B 为综合评价所得到的评价模糊集，B 可由权重向量 W 和模糊关系矩阵 R 运算得到，采用如下形式对模糊综合评价进行运算：

$$B = W \cdot R \tag{3-12}$$

模糊综合评价以模糊理论为基础，从多个指标对待评价研究对象隶属度等级状况进行综合评价。该方法不仅能充分考虑目标的各个层级，体现出评价标准和影响因素的模糊性，而且能使与主观经验相结合得出的结果更加具有综合性。该方法将定性分析和定量分析结合的特点对于新兴问题和领域具有广泛的适用性。

对于本书研究的机场基础设施韧性功能恢复指标体系的具体评价，因为需要考虑的因素较多且各因素属于不同的结构层次，可以将问题分成若干层次进行多级模糊综合评价，由此可以通过设定每一层级评定的权重向量确定其相对重要性。

3.4.2　指标权重计算

对高阶验证性因子分析模型中同一构面的因子负荷量进行归一化处理，将结果作为评价指标的权重值，式（3-13）为一级指标权重计算公式，二级指标同理可得，分析结果见表 3-6。

$$y_i = \frac{x_i}{x_1 + x_2 + \cdots + x_n} \tag{3-13}$$

式中，y_i 表示指标权重；x_i 表示该指标的因子负荷量；n 表示同级指标的个数。

指标权重　表 3-6

一级指标	因子负荷量（X_n）	权重（Y_n）	二级指标	因子负荷量（X_m）	权重（Y_m）
物理韧性	0.954	0.254	P_1	0.761	0.121
			P_2	0.846	0.135
			P_3	0.847	0.135
			P_4	0.720	0.115
			P_5	0.781	0.124

续表

一级指标	因子负荷量（X_n）	权重（Y_n）	二级指标	因子负荷量（X_m）	权重（Y_m）
物理韧性	0.954	0.254	P_6	0.755	0.120
			P_7	0.811	0.129
			P_8	0.764	0.121
功能韧性	0.994	0.265	F_1	0.678	0.300
			F_2	0.756	0.335
			F_3	0.826	0.365
经济韧性	0.896	0.238	W_1	0.798	0.266
			W_2	0.764	0.254
			W_3	0.792	0.264
			W_4	0.647	0.216
组织韧性	0.913	0.243	O_1	0.863	0.204
			O_2	0.880	0.208
			O_3	0.900	0.212
			O_4	0.805	0.190
			O_5	0.786	0.186

3.4.3 模糊判断矩阵构建

1. 评语集

评语集是由评价者对评价对象所作出的各种评价结果组成的集合。从物理韧性、功能韧性、经济韧性、组织韧性 4 个方面，对某机场基础设施韧性水平进行评价，包括一级指标和二级指标，评语集设定为 $\boldsymbol{M} = \{M_1, M_2, M_3, M_4, M_5\} = \{$很好,较好,一般,较差,很差$\}$。通过邀请 20 位某机场的工作者依据自身经验设计量化标准[14]，整理数据并进行处理后，最终得到二级指标评语集，如表 3-7 所示。

机场基础设施韧性二级指标评语集　　　　　　　　　　表 3-7

一级指标	二级指标	M_1	M_2	M_3	M_4	M_5
物理韧性	核心飞行区道面	0.90	0.10	0	0	0
	空管设施	0.50	0.35	0.15	0	0
	目视助航及灯光设施	0.70	0.30	0	0	0
	航站区	0.25	0.35	0.40	0	0
	机务维修区	0.20	0.50	0.25	0.05	0
	机场排水系统	0.30	0.35	0.35	0	0
	机场地面交通设施	0.40	0.50	0.10	0	0
	机场供电设施	0.35	0.50	0.10	0.05	0
功能韧性	道面排水坡度	0.25	0.40	0.30	0.05	0
	航站区空侧旅客通行效率	0.25	0.45	0.25	0.05	0
	保障设施服务能力	0.45	0.55	0	0	0
经济韧性	客货运盈利损失	0.50	0.30	0.15	0.05	0
	除雪设备以及除雪剂 等救灾消耗物资	0.40	0.40	0.20	0	0
	调机、食宿费用	0.25	0.40	0.30	0.05	0
	人员、财产伤亡直接损失	0.30	0.30	0.30	0.10	0
组织韧性	应急救灾物资储备	0.40	0.50	0.10	0	0
	机场人员管理	0.50	0.40	0.10	0	0
	场监系统	0.45	0.45	0.10	0	0
	滑行道与联络道布局	0.30	0.50	0.20	0	0
	各部门协同联动性	0.40	0.50	0.10	0	0

2. 评价因素权重

基于表 3-6 得到的指标权重，构建某机场基础设施物理韧性、功能韧性、经济韧性和组织韧性各二级指标的权重向量 $W_1 \sim W_4$：

$$W_1 = (0.121, 0.135, 0.135, 0.115, 0.124, 0.120, 0.129, 0.121)$$

$$W_2 = (0.300, 0.335, 0.365)$$

$$W_3 = (0.266, 0.254, 0.264, 0.216)$$

$$\boldsymbol{W}_4 = (0.204, 0.208, 0.212, 0.190, 0.186)$$

3. 模糊判断矩阵

模糊判断矩阵是由评价因素在评语集上的隶属度组成。在表 3-7 的基础上分别构建某机场基础设施物理韧性、功能韧性、经济韧性和组织韧性的模糊判断矩阵 $\boldsymbol{R}_1 \sim \boldsymbol{R}_4$。

$$\boldsymbol{R}_1 = \begin{bmatrix} 0.90 & 0.10 & 0 & 0 & 0 \\ 0.50 & 0.35 & 0.15 & 0 & 0 \\ 0.70 & 0.30 & 0 & 0 & 0 \\ 0.25 & 0.35 & 0.40 & 0 & 0 \\ 0.20 & 0.50 & 0.25 & 0.05 & 0 \\ 0.30 & 0.35 & 0.35 & 0 & 0 \\ 0.40 & 0.50 & 0.10 & 0 & 0 \\ 0.35 & 0.50 & 0.10 & 0.05 & 0 \end{bmatrix} \qquad \boldsymbol{R}_2 = \begin{bmatrix} 0.25 & 0.10 & 0.30 & 0.05 & 0 \\ 0.25 & 0.35 & 0.25 & 0.05 & 0 \\ 0.45 & 0.55 & 0 & 0 & 0 \end{bmatrix}$$

$$\boldsymbol{R}_3 = \begin{bmatrix} 0.50 & 0.30 & 0.15 & 0.05 & 0 \\ 0.40 & 0.40 & 0.20 & 0 & 0 \\ 0.25 & 0.40 & 0.30 & 0.05 & 0 \\ 0.30 & 0.30 & 0.30 & 0.10 & 0 \end{bmatrix} \qquad \boldsymbol{R}_4 = \begin{bmatrix} 0.40 & 0.50 & 0.10 & 0 & 0 \\ 0.50 & 0.40 & 0.10 & 0 & 0 \\ 0.45 & 0.45 & 0.10 & 0 & 0 \\ 0.30 & 0.50 & 0.20 & 0 & 0 \\ 0.40 & 0.50 & 0.10 & 0 & 0 \end{bmatrix}$$

3.4.4 机场基础设施韧性评价

1. 一级模糊综合评价

基于构建的权重向量和模糊判断矩阵，分别对物理韧性、功能韧性、经济韧性和组织韧性进行一级模糊综合评价：

$$\boldsymbol{B}_1 = \boldsymbol{W}_1 \cdot \boldsymbol{R}_1 = (0.454, 0.369, 0.164, 0.012, 0)$$

$$\boldsymbol{B}_2 = \boldsymbol{W}_2 \cdot \boldsymbol{R}_2 = (0.323, 0.472, 0.174, 0.032, 0)$$

$$\boldsymbol{B}_3 = \boldsymbol{W}_3 \cdot \boldsymbol{R}_3 = (0.365, 0.352, 0.235, 0.048, 0)$$

$$\boldsymbol{B}_4 = \boldsymbol{W}_4 \cdot \boldsymbol{R}_4 = (0.412, 0.469, 0.119, 0, 0)$$

2. 二级模糊综合评价

将一级模糊综合评价进行梳理，得到某机场基础设施韧性的模糊判断矩阵

R 为：

$$R = \begin{bmatrix} 0.454 & 0.369 & 0.164 & 0.012 & 0 \\ 0.323 & 0.472 & 0.174 & 0.032 & 0 \\ 0.365 & 0.352 & 0.235 & 0.048 & 0 \\ 0.412 & 0.469 & 0.119 & 0 & 0 \end{bmatrix}$$

结合机场基础设施韧性恢复一级指标权重 $W = (0.254, 0.265, 0.238, 0.243)$，二级模糊综合评价为：

$$B = W \cdot R = (0.388, 0.416, 0.173, 0.023, 0)$$

3. 机场基础设施韧性水平评价

将对应的评语集划分为 M_1（80,100]、M_2（60,80]、M_3（40,60]、M_4（20,40] 和 M_5（0,20] 五个评价区间，取各评价区间的中位数进行评价，即 $M = (90, 70, 50, 30, 10)^{\mathrm{T}}$。分析可得该机场基础设施模糊综合评价值为 $F = B \cdot M = 73.4$，说明该机场基础设施韧性水平处于"较好"的状态。同理，采用提出的分析方法可以评估任意其他机场的韧性水平。

3.5　本章小结

基于高阶 CFA 模型，建立了暴雪灾害下机场基础设施韧性评价模型，系统分析了物理韧性、功能韧性、组织韧性以及经济韧性对机场基础设施韧性的影响。利用 CFA 模型确定评价指标权重，引入模糊综合评价法，建立了机场基础设施韧性水平量化评价方法。主要结论如下：

（1）建立的机场基础设施韧性的评价指标体系具有较好的信度和收敛效度，其中 Cronbach's α 系数和组合信度均大于 0.7，平均变异数萃取量大于 0.5；建立的高阶 CFA 模型的适配指标的拟合值均在推荐值范围内，表明建立的模型拟合程度较好，提出的韧性指标评价体系具有说服力。

（2）与物理韧性、组织韧性和经济韧性相比，功能韧性对机场基础设施韧性水平影响最大，路径系数高达 0.994。功能韧性中的保障设施服务能力对于机场基础设施韧性起着关键作用，应确保机场保障设施配备齐全，加强工作人员保障服务水平，提升空侧通行效率。

（3）物理韧性中，目视助航及灯光设施对起降设施韧性的影响最为显著，机场地面交通设施对辅助设施韧性的影响最为显著；功能韧性中，保障设施的服务能力影响最为显著；组织韧性中，场监系统（预警技术、覆盖范围等）对机场基础设施韧性恢复影响最大；经济韧性中，客货运盈利损失和调机、食宿费用对机场基础设施韧性恢复的影响最大。

（4）采用高阶验证性因子分析模型确定指标权重，基于模糊综合评价，分析得到了某机场基础设施的韧性水平得分为 73.4，处于较好状态，该方法可为灾害下机场韧性水平量化评估提供分析手段。

参 考 文 献

[1] 李勇. 基于结构方程模型的民航运输市场顾客满意度影响因素实证研究[D]. 南京：南京航空航天大学，2010.

[2] 柴建，杨莹，卢全莹，等. 基于贝叶斯结构方程模型的道路交通运输需求影响因素分析[J]. 中国管理科学，2015，23(S1)：386-390.

[3] 黄信，谭成松，吴堃，等. 暴雪灾害下机场基础设施韧性研究[J]. 中国安全科学学报，2023，33(12)：198-205.

[4] DUCHEK S. Organizational resilience：a capability-based conceptualization[J]. Business Research，2020，13(1)：215-246.

[5] 贠菲菲. 长三角区域地级城市韧性治理的建设路径研究[J]. 现代城市研究，2022(3)：100-105+118.

[6] 范瑞莹. 基于模糊综合评价法的企业跨国并购财务风险评价及控制研究[D]. 昆明：云南财经大学，2022.

[7] 张立业. 基于随机过程的桥梁系统可靠性及其模糊综合评价研究[D]. 长春：吉林大学，2013.

[8] 禹智涛. 既有钢筋混凝土桥梁可靠性评估的若干问题研究[D]. 广州：华南理工大学，2003.

[9] 禹智涛，韩大建. 既有桥梁可靠性的综合评估方法[J]. 中南公路工程，2003(3)：8-12.

[10] 林拥军，肖恬煦，张曾鹏，等. 基于层次分析法-隶属度理论的混凝土框架结构安全性模糊综合评价方法[J]. 工业建筑，2022，52(10)：28-38+45.

[11] 李明. 路桥工程项目管理模糊综合评价方法研究[J]. 安徽建筑，2020，27(9)：232-233.

［12］郑日博．基于模糊综合评价方法的综合运输系统效益评价［J］．西部交通科技，2019（3）：144-147.

［13］于剑，李艳伟．航空公司竞争力的多级模糊综合评价方法［J］．交通运输工程学报，2008（3）：116-121.

［14］谭成松．自然灾害下民航基础设施韧性功能恢复模型研究［D］．天津：中国民航大学，2023.

第 4 章
基于韧性曲线的机场基础设施
韧性恢复分析

为分析天气灾害下机场基础设施的韧性能力，本章以降雪天气为情景，提出降雪天气对系统韧性指标的破坏强度系数，建立机场基础设施系统的韧性量化分析时变模型，采用蒙特卡罗方法，研究不同等级降雪下机场基础设施系统的韧性水平变化规律，分析评价指标对机场基础设施韧性及功能恢复的影响。

4.1　系统韧性模型

降雪天气下机场基础设施系统的韧性分析模型包括韧性指标体系、韧性函数模型、降雪灾害模型和恢复函数模型[1-2]。

4.1.1　韧性指标体系

将机场基础设施系统定义为两个层级指标体系，即一级指标及二级指标，其中一级指标包括物理指标、功能指标、经济指标和组织指标，各一级指标下的二级指标定义如下所述。

物理指标是指降雪天气下受到影响的保障机场正常运行的机场重要基础设施。参照《民用机场工程项目建设标准》（建标 105—2008）对机场基础设施的分类，将二级指标分为主体设施和其他设施，主体设施即核心飞行区道面，包括跑道、停机坪、滑行道、联络道等，其他设施包括空管设施、目视助航及灯光设施、机场排水系统及机场供电设施。

功能指标定义为保障旅客通行效率并能够为飞机提供补给和维护的设施，其二级指标主要包括驱鸟车、行李传送车和摆渡车等保障设施，航站区路侧通行区，航站区空侧通行区。

经济指标是指机场运行产生的经济效益及运维费用，在降雪天气下，航班延误和物资使用会产生直接或间接经济损失，其二级指标主要包括机场客货运盈利、除雪设备及物资。

组织指标是能够及时应对各种灾害和事件引起的内外部环境变化的系统，保障飞机进离场服务和地面保障服务效率；参考城市韧性中的组织韧性，即管理网络和制度体系[3]，机场组织指标下的二级指标主要包括机场人员工作效率和场监系统，其中场监系统是机场灾害预警系统，通过实时监控为人员提供处理灾害的能力。

4.1.2 韧性函数模型

定义机场基础设施系统韧性水平由各一级指标的功能水平确定，系统韧性函数定义为：

$$R(t) = R[F(t)] = R\{F[f_1(t), f_2(t), \cdots, f_4(t)]\} \tag{4-1}$$

$$f_i(t) = f[f_{i1}(t), f_{i2}(t), \cdots, f_{ij}(t), \cdots, f_{im}(t)] \tag{4-2}$$

式中，$R(t)$ 为机场基础设施系统韧性函数；$f_i(t)$ 为第 i（$i=1,2,3,4$）个一级指标的功能水平，$f_{ij}(t)$ 表示第 i 个一级指标的第 j（$j=1,2,\cdots,m$）个二级指标的功能水平。

机场的物理、功能、经济和组织四个一级指标的功能水平分别为各二级指标功能水平的平均值，如式（4-3）所示：

$$f_i(t) = \frac{\sum\limits_{j=1}^{m} f_{ij}(t)}{m} \tag{4-3}$$

式中，m 为第 i 个一级指标下的二级指标数。

机场基础设施系统的整体功能水平如式（4-4）所示，其中一级指标的权重系数由民航基础设施韧性水平量化分析得到，物理指标对整体系统的功能水平权重系数 $w_1 = 0.254$，功能指标权重系数 $w_2 = 0.265$，组织指标权重系数 $w_3 = 0.238$，经济指标权重系数 $w_4 = 0.243$[4]。

$$F(t) = \sum_{i=1}^{4} w_i \cdot f_i(t) \tag{4-4}$$

式中，$F(t)$ 为机场基础设施系统的整体功能水平；w_i 为一级指标的权重系数。

采用 Cimellaro 等[5] 提出的韧性量化方法计算机场基础设施系统韧性水平，则有：

$$R(t) = \frac{\int_{t_0}^{t} F(t)\,\mathrm{d}t}{F(t_0) \cdot (t - t_0)} \tag{4-5}$$

式中，$F(t_0)$ 为初始时刻 t_0 时机场基础设施系统的功能水平，也即图 4-1 中阴影部分面积占矩形面积比例，其中 t_1 为灾害开始的时间，t_2 为系统功能水平降至最低值的时间，t_3 为恢复到正常水平的时间，t_E 为模拟时间段结束的时间。

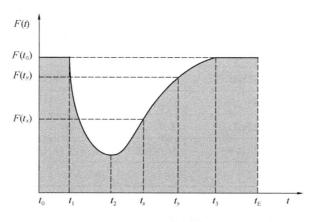

图 4-1　韧性曲线示意图

4.1.3　降雪灾害模型

我国地域辽阔、地形多变，降雪分布和变化受到气候和地形的影响，不同等级降雪对机场基础设施影响方式和程度有所差别。降雪等级的划分方式见第 2.2.1 节，这里不再赘述。需要说明的是，暴雪和大暴雪对机场基础设施的影响相近，本节不作详细区分，将暴雪和大暴雪统称为暴雪。

为确定降雪天气下机场基础设施二级指标的破坏强度系数，向民航从业人员发布了降雪天气对机场基础设施韧性影响的调查问卷，问卷采用李克特 5 级量表方法。根据各二级指标在不同降雪等级下的影响程度评价和频数结果，确定不同等级降雪对二级指标的破坏强度系数，如表 4-1 所示，其中 $U(x,y)$ 代表取值为 $[x,y]$ 的均匀分布，$B(1,p)$ 代表概率为 p 的 0-1 分布。

降雪天气对二级指标的破坏强度系数表　　　　　　　表 4-1

一级指标	二级指标	小雪	中雪	大雪	暴雪
物理	核心飞行区道面	$U(0,0.25)$	$U(0.25,0.5)$	$U(0.75,1)$	$U(0.75,1)$
	空管设施	$U(0,0.25)$	$U(0.25,0.5)$	$U(0.5,0.75)$	$U(0.75,1)$
	目视助航及灯光设施	$U(0,0.25)$	$U(0.25,0.5)$	$U(0.5,0.75)$	$U(0.75,1)$
	机场排水系统	$B(1,0.26)$	$B(1,0.42)$	$B(1,0.48)$	$B(1,0.72)$
	机场供电设施	$B(1,0.28)$	$B(1,0.38)$	$B(1,0.52)$	$B(1,0.7)$

续表

一级指标	二级指标	小雪	中雪	大雪	暴雪
功能	保障设施	$U(0,0.25)$	$U(0.25,0.5)$	$U(0.5,0.75)$	$U(0.75,1)$
	航站区陆侧通行区	$U(0,0.25)$	$U(0.25,0.5)$	$U(0.5,0.75)$	$U(0.75,1)$
	航站区空侧通行区	$U(0,0.25)$	$U(0.25,0.5)$	$U(0.5,0.75)$	$U(0.75,1)$
经济	机场盈利	$U(0,0.25)$	$U(0.25,0.5)$	$U(0.5,0.75)$	$U(0.75,1)$
	除雪设备及物资	$B(1,0.28)$	$B(1,0.46)$	$B(1,0.7)$	$B(1,0.88)$
组织	机场人员工作效率	$U(0,0.25)$	$U(0.25,0.5)$	$U(0.5,0.75)$	$U(0.75,1)$
	场监系统	$B(1,0.28)$	$B(1,0.4)$	$B(1,0.6)$	$B(1,0.78)$

定义降雪灾害事件 e^N 二级指标功能的累计破坏强度函数 $D_{ij}(t)$ 与 $d_{ij}(t)$ 的关系如式（4-6）所示：

$$D_{ij}(t) = \int_{t_1}^{t} d_{ij}(t) dt \tag{4-6}$$

式中，$D_{ij}(t)$ 表示 e^N 从发生时刻 t_1 到时刻 t 对机场基础设施第 i 个一级指标的第 j 个二级指标的累积破坏强度函数；$d_{ij}(t)$ 表示时刻 t 降雪灾害对机场基础设施第 i 个一级指标的第 j 个二级指标的破坏强度函数。

考虑降雪演进过程特征为降雪、积雪和融雪三个阶段，选取双指数信号函数作为降雪的累积灾害能量表征函数，构建降雪灾害事件 e^N 对二级指标的破坏强度函数[8]：

$$d_{ij}(t \mid e^N) = c_{ij}^N \cdot \sigma(t) \cdot f_{ij}(t_0) \tag{4-7}$$

式中，$N=1$，2，3，4 分别对应 4 种不同降雪等级；c_{ij}^N 为破坏强度系数，其取值如表 4-1 所列；$\sigma(t)$ 为累积灾害能量函数。

由于累积破坏强度函数 $D(t)$ 的取值范围为 $[0, 1]$，所以降雪事件的累积灾害能量函数如下：

$$\sigma(t) = \begin{cases} e^{2(t-6)} & 0 < t < 6 \\ 1 & t = 6 \\ e^{-2(t-6)} & t > 6 \end{cases} \tag{4-8}$$

4.1.4　恢复函数模型

暴雪灾害发生后，为缩短航班起飞延迟时间、减少机场基础设施系统损失，应及时采取恢复措施，因此定义 t 时刻机场基础设施系统功能恢复函数为 $B(t)$，其满足下式：

$$F(t) = F(t_1) - D(t) + \int_{t_1}^{t} B(t)dt \tag{4-9}$$

式中，t_1 表示降雪灾害 e^N 发生的时刻。

机场基础设施系统功能恢复函数 $B(t)$ 受系统功能水平影响，则 $B(t)$ 可表示为：

$$B(t) = B[f_1(t), f_2(t), \cdots, f_4(t)] \tag{4-10}$$

四个一级指标之间的功能水平恢复相互依赖。物理指标是机场的核心设施，其恢复需要对其二级指标进行物理修复，涉及功能和组织指标的功能水平；功能指标主要考虑保障设施的功能和航站区的通行效率，依赖于物理和组织指标；由于降雪可能造成航班延误，除雪也会消耗设备及物资，使得经济指标受损较大，其恢复依赖于其他三个系统；组织指标与人员和设备的工作效率有关，考虑其恢复依赖于经济指标。因此，将各一级指标功能恢复函数定义如下：

$$B_1(t) = r_1 \cdot \frac{f_2(t-1) \cdot f_4(t-1)}{f_2(t_0) \cdot f_4(t_0)} \cdot f_1(t_0) \tag{4-11}$$

$$B_2(t) = r_2 \cdot \frac{f_1(t-1) \cdot f_4(t-1)}{f_1(t_0) \cdot f_4(t_0)} \cdot f_2(t_0) \tag{4-12}$$

$$B_3(t) = r_3 \cdot \frac{f_1(t-1) \cdot f_2(t-1) \cdot f_4(t-1)}{f_1(t_0) \cdot f_2(t_0) f_4(t_0)} \cdot f_2(t_0) \tag{4-13}$$

$$B_4(t) = r_4 \cdot \frac{f_3(t-1)}{f_3(t_0)} \cdot f_4(t_0) \tag{4-14}$$

式中，$r_i(i=1,2,3,4)$ 为各一级指标的功能恢复系数，将机场基础设施系统视为一个整体，考虑物理指标恢复效果最为直接，故设定各系统的功能恢复系数为 $r_1 = 0.3$，$r_2 = 0.2$，$r_3 = 0.1$，$r_4 = 0.4$。

4.2　蒙特卡罗方法

蒙特卡罗方法是一种基于概率的数值计算方法，也称统计模拟方法，其本质是一种求解近似解的统计抽样技术[6]。蒙特卡罗方法是根据问题本身概率或者构造的概率生成合适的随机数，从而得到服从某些特定属性的一定量数据，并以此来解决实际问题的方法。这种方法适用于一些需要得到数字解而复杂程度较高以至很难分析求解的问题，该方法可以为各种数学问题提供近似解。到 20 世纪末，计算机技术的高速发展促进了蒙特卡罗方法的发展，计算机快速高效的求解能力使得该方法能够更加快速地提供近似解，且准确性也进一步提高。

相比于其他数学统计方法，蒙特卡罗方法可操作性强，直观易懂，能够处理其他方法难以处理的复杂问题。蒙特卡罗方法主要用于三个不同类别的问题：优化、数值积分和概率分布的生成。在实际工程问题中，当难以获得解析表达式，或难以应用确定性算法时，该方法显得尤为有效。例如，冯佳佳等[7]采用蒙特卡罗法进行温度效应下的边坡稳定性分析。李瑞奇等[8]建立了地震灾害下城市韧性定量分析框架，通过蒙特卡罗方法进行韧性定量分析研究，为建立韧性城市提供辅助。张静等[9]根据船舶事故频率以及事故结果定量化，建立概率分布模型，对不同事故进行蒙特卡罗仿真，评估了不同能见度下航行风险特征。

Tyralis 等[10]构造了一种基于区间估计的蒙特卡罗实现方法，其基本步骤如下：

（1）设统计量 $b(X)$ 的最大似然估计为 $\hat{\theta}$，概率密度函数为 $f(x|\hat{\theta})$。

（2）从 $f(x|\hat{\theta})$ 中生成 k 个大小为 n 的样本。

（3）找到两个函数 $\lambda(\hat{\theta})$ 和 $\upsilon(\hat{\theta})$，使其满足：

$$P\{b(X)<\lambda(\hat{\theta})\}=P\{b(X)>\upsilon(\hat{\theta})\}=\alpha/2 \tag{4-15}$$

$$\begin{cases} \lambda(\hat{\theta})=G^{-1}(\alpha/2|\hat{\theta}) \\ \upsilon(\hat{\theta})=G^{-1}(1-\alpha/2|\hat{\theta}) \end{cases} \tag{4-16}$$

式中，G 为统计量 $b(X)$ 的分布函数；G^{-1} 为 G 的反函数。

（4）从 $f(x|\hat{\theta})$ 中生成 k 个大小为 n 的样本，并使用这 k 个样本计算 $\lambda(\hat{\theta})$ 和 $\upsilon(\hat{\theta})$。

（5）再从 $f(x|\hat{\theta}+\delta\theta)$ 中额外生成 k 个样本计算 $\lambda(\hat{\theta}+\delta\theta)$ 和 $\upsilon(\hat{\theta}+\delta\theta)$，其中 $\delta\theta$ 是一个小增量。

（6）利用式（4-17）和式（4-18）计算 l 和 u。

$$l \approx \hat{\theta} + \frac{\hat{\theta} - \upsilon(\hat{\theta})}{[\upsilon(\hat{\theta} + \delta\theta) - \upsilon(\hat{\theta})]/\mathrm{d}\theta} \tag{4-17}$$

$$u \approx \hat{\theta} + \frac{\hat{\theta} - \lambda(\hat{\theta})}{[\lambda(\hat{\theta} + \delta\theta) - \lambda(\hat{\theta})]/\mathrm{d}\theta} \tag{4-18}$$

式中，$[l, u]$ 即为参数 θ 在 $(1-a)$ 水平下的区间估计。

4.3　系统韧性分析

为分析降雪天气对机场基础设施韧性的影响，设定研究时间为 40h，初始时刻 $t_0 = 0$，降雪灾害发生时间为 $t_1 = 1$，对该机场基础设施系统功能水平函数 $F(t)$、各系统功能水平函数 $f_i(t)$、二级指标功能水平函数 $f_{ij}(t)$ 的取值归一化处理，取值范围为 $[0, 1]$，$F(t_0) = 1$，$f_i(t_0) = 1$，$f_{ij}(t_0) = 1$。

由于机场基础设施二级指标的破坏强度系数服从均匀概率分布和 0-1 概率分布，每次模拟计算结果具有一定的随机性，故采用蒙特卡罗方法进行统计模拟，针对小雪、中雪、大雪和暴雪四种等级降雪情景进行 10000 次模拟计算，分析得到四种等级降雪下的机场基础设施的功能水平和韧性水平[11]。

4.3.1　功能水平变化

为分析机场基础设施一级指标在不同降雪等级下的功能水平变化情况，将10000 次模拟结果求均值得到各一级指标及整体系统的功能水平变化曲线，如图 4-2 所示。

各一级指标受到降雪灾害后，功能水平逐渐降低至最低值，随后在互相影响的恢复机制下恢复到灾前正常水平，最低功能水平及恢复时间如表 4-2 所列。

降雪天气下机场基础设施最低功能水平及恢复时间　　　　表 4-2

一级指标	最低功能水平				恢复时间			
	小雪	中雪	大雪	暴雪	小雪	中雪	大雪	暴雪
物理	0.823	0.587	0.426	0.374	13h	14h	16h	23h
功能	0.869	0.709	0.507	0.388	13h	14h	15h	22h
经济	0.909	0.708	0.523	0.418	9h	11h	13h	23h
组织	0.871	0.633	0.451	0.346	13h	14h	16h	22h
整体	0.819	0.531	0.281	0.153	13h	14h	16h	23h

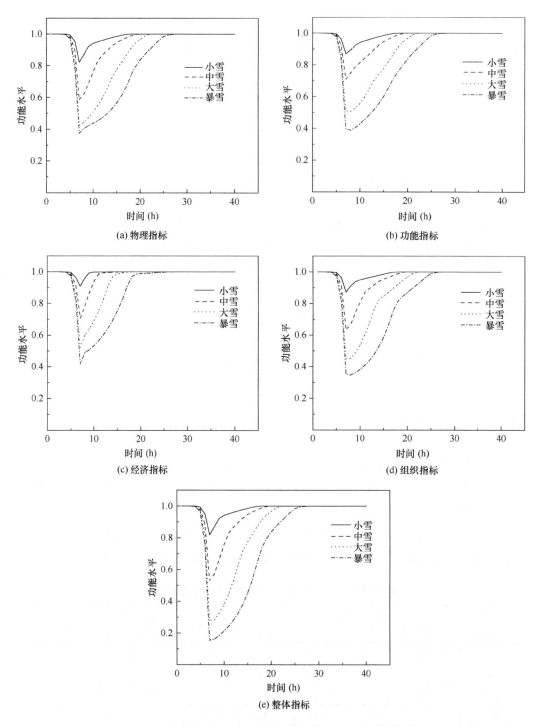

图 4-2　机场基础设施系统功能水平变化

由图 4-2 和表 4-2 可知，随着降雪强度的增加，机场基础设施系统的功能水平逐渐降低，恢复时间逐渐延长，说明机场基础设施系统功能受损程度和恢复时间与降雪强度呈正相关。例如，小雪、中雪、大雪和暴雪下，物理指标功能最低水平分别为 0.823、0.587、0.426 和 0.374，后三者相对各自前一者的功能水平降低幅值为 28.7%、27.4% 和 12.2%；可以看出相对大雪至暴雪而言，小雪至中雪、中雪至大雪的过程中系统功能水平降低更为明显。小雪、中雪、大雪和暴雪下，物理指标恢复时间分别为 13h、14h、15h 和 22h，后三者相对各自前一者的增加幅值为 7.7%、7.1% 和 46.7%，说明相对小雪至中雪、中雪至大雪的过程，大雪至暴雪恢复时间明显增加。

从图 4-2(e) 和表 4-2 的整体指标来看，小雪、中雪、大雪和暴雪下，系统功能最低水平分别为 0.819、0.531、0.281 和 0.153，恢复时间分别为 13h、14h、16h 和 23h。

同时可知，在不同降雪等级下，各一级指标受影响程度的大小关系存在差异。例如，在小雪和大雪天气下，各一级指标对机场基础设施功能影响程度由大至小分别为物理、组织、功能和经济；在暴雪天气下，各一级指标对机场基础设施功能影响程度由大至小分别为组织、物理、功能和经济。说明降雪天气下，相对功能和经济一级指标而言，物理和组织一级指标对机场基础设施韧性影响更大。此外在同一降雪等级下，各一级指标受影响程度也有所不同。例如，在暴雪天气下，组织、物理、功能和经济功能受损程度大小分别为 0.654、0.626、0.612 和 0.582，恢复时间都大于 22h，说明对于后续恢复措施，在恢复资源有限的条件下，应优先考虑组织指标和物理指标的恢复。

4.3.2　韧性分析

机场基础设施系统韧性水平在不同降雪等级下模拟结果如图 4-3 和图 4-4 所示，其中累计密度是韧性水平的累积频数与总模拟次数的比值，机场基础设施韧性水平如式（4-4）所示。

由图 4-3、图 4-4 可知，小雪天气下机场基础设施系统韧性平均值为 0.9839，最大值为 0.9992，最小值为 0.9121，韧性水平值超过 0.9661 的概率为 81.5%；中雪天气下机场基础设施系统的韧性平均值为 0.9453，最大值为 0.9794，最小值为 0.8648，韧性水平值超过 0.9244 的概率为 80.6%。可以看出，小雪和中雪下机场基础设施系统仍保持了较好的韧性水平。大雪天气下机场基础设施系统的韧性平

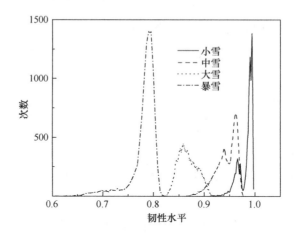

图 4-3　机场基础设施系统韧性水平

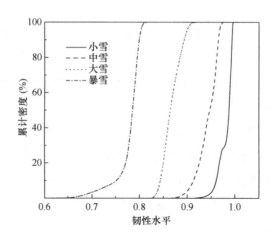

图 4-4　机场基础设施系统韧性水平累计密度曲线

均值为 0.8683，最大值为 0.9227，最小值为 0.8229，韧性水平值超过 0.8489 的概率为 81.0%，可见大雪天气对机场基础设施韧性功能影响明显。暴雪天气下机场基础设施系统的韧性平均值为 0.7845，最大值为 0.826，最小值为 0.6054，韧性水平值超过 0.7684 的概率为 82.5%，说明暴雪天气对机场基础设施系统的韧性影响较大。

综上可知，暴雪天气下机场基础设施系统韧性受损程度显著，相对大雪、中雪和小雪天气而言，其韧性水平分别降低了 9.7%、17.0% 和 20.3%。

4.4 一级指标影响

为分析韧性评价指标中的物理、功能、经济和组织四个一级指标对机场基础设施系统整体的韧性影响，针对一级指标采取控制变量的方法进行系统仿真趋势预测。分析中，通过降低物理、功能、经济和组织一级指标的破坏强度系数，研究一级指标对整体系统韧性的影响规律。考虑提升系统资源配置、系统管理方法，从而使各系统受破坏强度降低，设定破坏强度系数降低值为 5%、10% 和 20%。

1. 物理指标影响分析

物理指标破坏强度系数降低，通过系统仿真分析得到机场基础设施系统整体的功能水平变化如图 4-5 所示，韧性水平变化如图 4-6 所示。

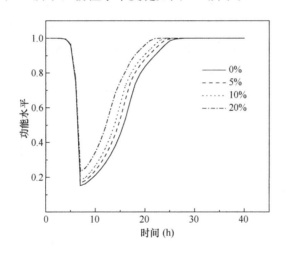

图 4-5 物理指标破坏强度系数降低后整体功能水平变化

由图 4-5 可知，当物理指标的破坏强度系数降低 5%、10% 和 20% 时，机场基础设施系统最低功能水平由原来的 0.1526 分别提升至 0.1680、0.1830 和 0.2347，提升比率分别达到 10.1%、19.9% 和 53.8%；破坏强度系数降低 5% 时，功能从最低水平恢复至灾前水平的时间没有变化；破坏强度系数降低 10% 和 20% 时，恢复时间由 23h 分别缩短至 19h 和 17h。同样，由图 4-6 可知，当物理指标的破坏强度系数降低 5%、10% 和 20% 时，系统韧性水平平均值由原来的 0.7845 分别提升至 0.8931、0.9024 和 0.9211，提升比率分别为 13.8%、15.0% 和 17.4%。

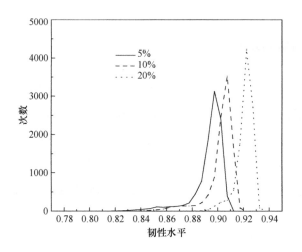

图 4-6　物理指标破坏强度系数降低后韧性水平变化

2. 功能指标影响分析

考虑功能指标的破坏强度系数降低，通过系统仿真得到机场基础设施系统整体的功能水平变化如图 4-7 所示，韧性水平变化如图 4-8 所示。

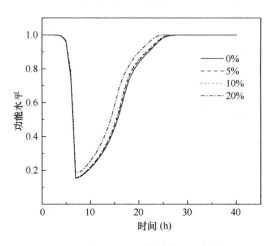

图 4-7　功能指标破坏强度系数降低后整体功能水平变化

由图 4-7 可知，功能指标恢复措施降低系统破坏强度系数时，可以提升机场基础设施的韧性。功能指标的破坏强度系数降低 5％、10％和 20％时，机场基础设施系统最低功能水平由原来的 0.1526 分别提升至 0.1540、0.1558 和 0.1857，提升比率分别为 0.9％、2.1％和 21.7％。破坏强度系数降低 5％和 10％时，功能水平从最低水平恢复至灾前水平所用时间差别不大，破坏强度系数降低 20％时，恢复时间由 23h 缩短至 20h。由图 4-8 可知，功能指标的破坏强度降低 5％、10％和

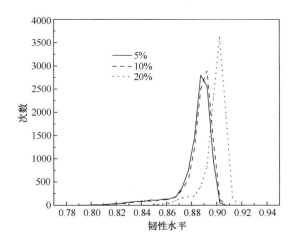

图 4-8　功能指标破坏强度系数降低后韧性水平变化

20％时，韧性水平平均值由原来的 0.7845 分别提升至 0.8836、0.8851 和 0.8990，提升比率为 12.6％、12.8％和 14.6％。

3. 经济指标影响分析

考虑经济指标的破坏强度系数降低，通过系统仿真分析得到机场基础设施系统整体的功能水平变化如图 4-9 所示，韧性水平变化如图 4-10 所示。

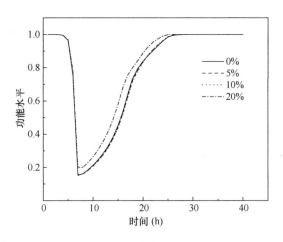

图 4-9　经济指标破坏强度系数降低后整体功能水平变化

由图 4-9 可知，经济指标的破坏强度系数降低 5％、10％和 20％时，机场基础设施系统最低功能水平由原来的 0.1526 分别提升至 0.1545、0.1576 和 0.1975，提升比率分别为 1.2％、3.3％和 29.4％，功能水平从最低水平恢复至灾前水平由23h 分别缩短至 22h、21h 和 19h。由图 4-10 可知，经济指标的破坏强度系数降低

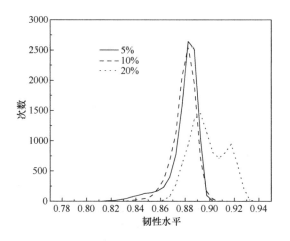

图 4-10　经济指标破坏强度系数降低后韧性水平变化

5％、10％和20％时，韧性水平平均值由原来的 0.7845 提升至 0.8797、0.8795 和 0.8983，提升比率分别为 12.1％、12.1％和 14.5％。

4. 组织指标影响分析

将组织指标的破坏强度系数降低，通过系统仿真分析得到机场基础设施系统整体的功能水平变化如图 4-11 所示，韧性水平变化如图 4-12 所示。

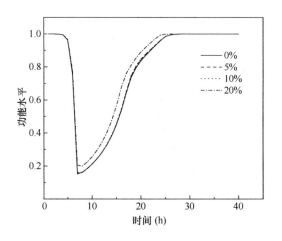

图 4-11　组织指标破坏强度系数降低后整体功能水平变化

由图 4-11 可知，组织指标的破坏强度系数降低 5％、10％和 20％时，机场基础设施系统最低功能水平由原来的 0.1526 分别提升至 0.1560、0.1617 和 0.1996，提升比率分别为 2.2％、6.0％和 30.8％。在破坏强度系数降低 5％和 10％时，功能水平从最低水平恢复至灾前水平的时间没有变化；在破坏强度系数降低 20％时，

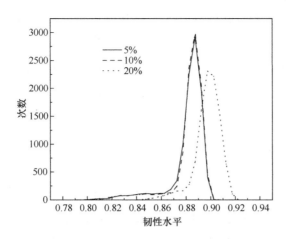

图 4-12 组织指标破坏强度系数降低后韧性水平变化

恢复时间由 23h 缩短至 19h。由图 4-12 可知，组织指标的破坏强度系数降低 5%、10% 和 20% 时，韧性水平平均值由原来的 0.7845 分别提升至 0.8816、0.8822 和 0.8976，提升比率分别为 12.4%、12.5% 和 14.4%。

综合上述分析结果，各一级指标破坏系数分别降低后对系统整体的影响如表 4-3 所示。

一级指标破坏强度系数降低后整体系统恢复情况　　表 4-3

一级指标	最低功能水平				韧性水平平均值			
	0%	5%	10%	20%	0%	5%	10%	20%
物理	0.1526	0.1680	0.1830	0.2347	0.7845	0.8931	0.9024	0.9211
功能	0.1526	0.1540	0.1558	0.1857	0.7845	0.8836	0.8851	0.8990
经济	0.1526	0.1545	0.1576	0.1975	0.7845	0.8797	0.8795	0.8983
组织	0.1526	0.1560	0.1617	0.1996	0.7845	0.8816	0.8822	0.8976

由表 4-3 可知，四个一级指标的破坏强度系数降低，都能使整体系统的最低功能水平和韧性水平得到提升，但是不同破坏强度系数降低幅度对机场基础设施韧性影响的程度存在差异。例如，物理指标的破坏强度系数降低 5%、10% 和 20% 时，机场基础设施系统最低功能水平提升比率分别为 10.1%、19.9% 和 53.8%，而韧性水平也分别提升了 13.8%、15.0% 和 17.4%。

可以看出，在破坏强度系数降低幅度相同时，韧性评价指标体系中的一级指标对机场基础设施系统韧性恢复的影响程度不同。例如，物理、功能、经济和组织四个一级指标破坏强度系数降低 10% 时，机场基础设施系统最低功能水平分别在 0.1830、0.1558、0.1576 和 0.1617，分别提升了 19.9%、2.1%、3.3% 和 6.0%，物理指标影响较大。在其他各工况下，一级指标对机场基础设施系统影响程度大小关系相同，由大到小依次为：物理指标、组织指标、经济指标和功能指标。

4.5　二级指标影响

为进一步研究韧性评价指标中的二级指标对机场基础设施韧性恢复的影响机理，针对二级指标的研究同样采取控制变量的方法进行系统仿真趋势预测，即改变某一影响因素破坏强度系数的同时保持其他因素不变，进行系统仿真。

1. 物理指标下的二级指标影响效果分析

物理指标对应的二级指标包括核心飞行区道面、空管设施、目视助航及灯光设施、机场排水系统和机场供电设施，设定物理指标下的二级指标破坏强度系数降低幅度值分别为 5%、10% 和 20%，利用韧性分析模型进行系统仿真，得到物理指标的二级指标对机场基础设施整体韧性水平的影响如图 4-13 所示。

由图 4-13 可知，核心飞行区道面、空管设施、目视助航及灯光设施、机场排水系统和机场供电设施的韧性水平模拟结果相近，目视助航及灯光设施破坏系数降低后的韧性水平高于其他二级指标破坏强度系数降低后的韧性水平。各模拟工况下的韧性水平平均值如表 4-4 所示。

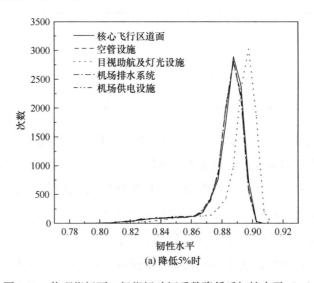

(a) 降低 5% 时

图 4-13　物理指标下二级指标破坏系数降低后韧性水平（一）

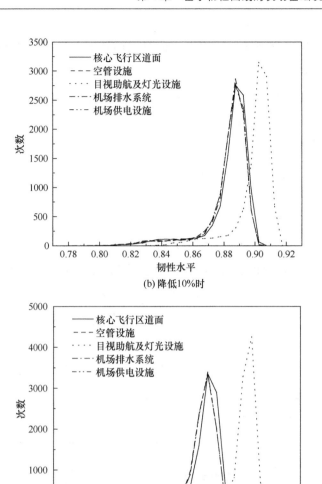

图 4-13　物理指标下二级指标破坏系数降低后韧性水平（二）

物理指标下二级指标强度系数降低后韧性水平平均值　　　　表 4-4

二级指标	韧性水平平均值			
	0%	5%	10%	20%
核心飞行区道面	0.7845	0.8829	0.8837	0.8959
空管设施	0.7845	0.8823	0.8826	0.8937
目视助航及灯光设施	0.7845	0.8916	0.8997	0.9184
机场排水系统	0.7845	0.8821	0.8824	0.8937
机场供电设施	0.7845	0.8820	0.8824	0.8936

由表 4-4 可知，物理指标的二级指标对机场基础设施的韧性影响程度存在差异。例如，物理指标下核心飞行区道面、空管设施、目视助航及灯光设施、机场排水系统和机场供电设施五个二级指标破坏强度系数降低 20%时，机场基础设施韧性水平由原来的 0.7845 分别提升至 0.8959、0.8937、0.9184、0.8937 和 0.8936，提升比率分别为 14.2%、13.9%、17.1%、13.9%和 13.9%，可知物理指标二级指标的影响程度由高至低依次为目视助航及灯光设施、核心飞行区道面、机场供电设施、空管设施、机场排水系统，说明物理指标下目视助航及灯光设施对机场基础设施韧性的影响较大。

2. 功能指标下二级指标影响效果分析

功能指标的二级指标主要包括保障设施、陆侧通行区和空侧通行区，考虑功能指标下二级指标破坏强度系数分别降低 5%、10%和 20%时，分别利用韧性分析模型进行系统仿真，得到功能指标下二级指标对机场基础设施整体韧性水平的影响如图 4-14 所示。

由图 4-14 可知，保障设施、陆侧通行区和空侧通行区韧性水平模拟结果差别不大。各模拟工况下的韧性水平平均值如表 4-5 所示。

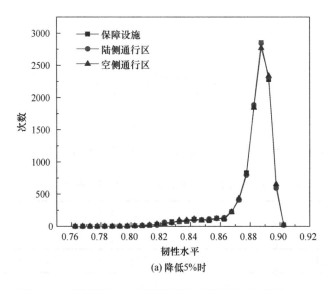

(a) 降低5%时

图 4-14 功能指标下二级指标强度系数降低后韧性水平（一）

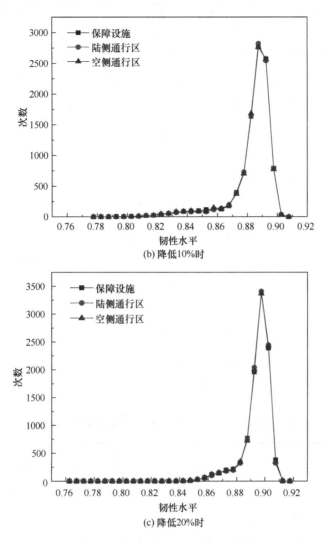

图 4-14　功能指标下二级指标强度系数降低后韧性水平（二）

功能指标下二级指标强度系数降低后韧性水平平均值　　　　　表 4-5

二级指标	韧性水平平均值			
	0%	5%	10%	20%
保障设施	0.7845	0.8824	0.8832	0.8946
陆侧通行区	0.7845	0.8824	0.8834	0.8947
空侧通行区	0.7845	0.8824	0.8832	0.8946

由表 4-5 可知，随着功能指标的二级指标破坏强度系数降低幅度增加，机场基础设施韧性水平逐渐提升，但提升效果有限。以保障设施为例，在破坏强度系数分别降低 5%、10% 和 20% 时，整体韧性水平提升比率分别为 12.5%、12.6% 和 14.0%，提升比率相近。在破坏强度系数取相同降低幅度时，3 项二级指标对整体的影响程度相近。例如，保障设施、陆侧通行区和空侧通行区破坏强度系数降低 10% 后，整体韧性水平平均值分别为 0.8832、0.8834 和 0.8832，提升比率都约为 12.6%。可以得出，功能指标下的二级指标对整体韧性水平影响程度相近，陆侧通行区的影响略大于其他两项指标。

3. 经济指标下二级指标影响效果分析

经济指标对应的二级指标包括机场盈利和除雪设备及物资，考虑经济指标的二级指标破坏强度系数降低幅度值分别为 5%、10% 和 20%，利用韧性分析模型进行系统仿真，得到功能指标的二级指标对机场基础设施整体韧性水平的影响如图 4-15 所示。

由图 4-15 可以得出，机场盈利和除雪设备及物资韧性水平分布规律相似，但除雪设备及物资对整体韧性水平提升相对较大。各模拟工况下的韧性水平平均值如表 4-6 所示。

经济指标下二级指标强度系数降低后韧性水平平均值　　　　表 4-6

二级指标	韧性水平平均值			
	0%	5%	10%	20%
机场盈利	0.7845	0.8810	0.8792	0.8885
除雪设备及物资	0.7845	0.8796	0.8774	0.8898

由表 4-6 可知，随着经济指标的二级指标破坏强度系数降低幅度值的增加，机场基础设施韧性水平提升幅度不一定增加。以机场盈利为例，在破坏强度系数分别降低 5%、10% 和 20% 时，整体韧性水平提升比率分别为 12.3%、12.1% 和 13.3%。在同一降低幅度值条件下，机场盈利和除雪设备及物资两项二级指标对整体的影响程度相近。例如，机场盈利和除雪设备及物资的破坏强度系数降低 10% 后，整体韧性水平平均值分别为 0.8792 和 0.8774，提升比率为 12.1% 和 11.8%。可以得出，经济指标下的二级指标对整体韧性水平影响程度相近，但机场盈利影响相对更大。

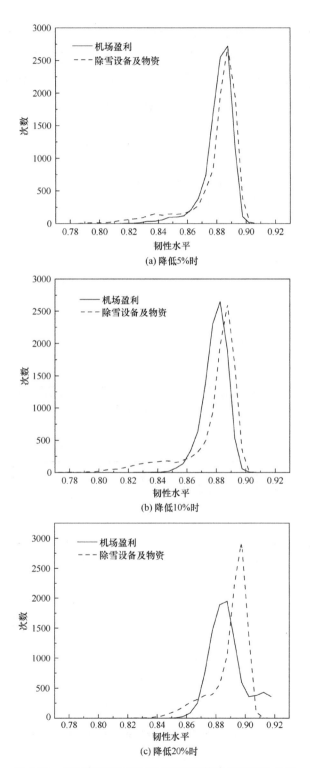

图 4-15　经济指标下二级指标强度系数降低后韧性水平

4. 组织指标下二级指标影响效果分析

组织指标对应的二级指标包括机场人员工作效率和场监系统，考虑组织指标下二级指标破坏强度系数降低幅度值分别为 5％、10％和20％，利用韧性分析模型进行系统仿真，得到功能指标下二级指标对机场基础设施整体韧性水平的影响如图 4-16所示。

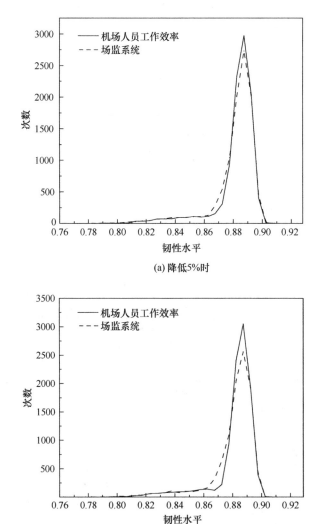

(a) 降低5%时

(b) 降低10%时

图 4-16　组织指标下二级指标强度系数降低后韧性水平（一）

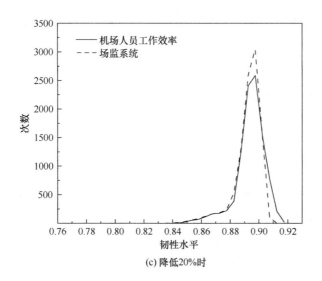

(c) 降低20%时

图 4-16　组织指标下二级指标强度系数降低后韧性水平（二）

由图 4-16 可知，机场人员工作效率和场监系统破坏系数降低的韧性水平分布规律相似，在 0.89 附近比较集中。各模拟工况下的韧性水平平均值如表 4-7 所示。

组织指标下二级指标强度系数降低后韧性水平平均值　　表 4-7

二级指标	韧性水平平均值			
	0%	5%	10%	20%
机场人员工作效率	0.7845	0.8822	0.8820	0.8940
场监系统	0.7845	0.8814	0.8808	0.8923

由表 4-7 可知，与经济指标的二级指标的模拟情况相似，组织指标下二级指标破坏强度系数降低幅度值的增加，机场基础设施韧性水平提升幅度不一定增加。以机场人员工作效率为例，在破坏强度系数分别降低 5%、10% 和 20% 时，整体韧性水平提升比率分别为 12.5%、12.4% 和 14.0%。在同一降低幅度值条件下，两项二级指标对整体的影响程度相近。例如，机场人员工作效率和场监系统的破坏强度系数分别降低 10% 后，整体韧性水平平均值分别为 0.8820 和 0.8808，提升比率为 12.4% 和 12.3%。可以看出，组织指标下的二级指标中，机场人员工作效率的影响相对更大。

综上可知，考虑二级指标破坏强度系数降低后，机场基础设施整体系统韧性值都有了不同程度的提高。根据上述整体韧性水平平均值可以得出，对于四个一级指标，二级指标中影响最大的指标分别是目视助航及灯光设施、陆侧通行区、机场盈利和机场人员工作效率。

4.6 韧性恢复分析

考虑优化除雪效率和经济成本等措施效果，将所有二级指标在暴雪天气下的破坏强度系数分别降低 5％、10％ 和 20％，对功能水平变化情况进行 10000 次模拟，分析优化措施对机场基础设施韧性提升效果，结果如图 4-17 所示，图中强度破坏系数为 0％时表示未采取任何优化措施。

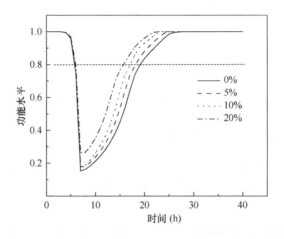

图 4-17　不同破坏强度下机场基础设施系统功能水平曲线

由图 4-17 可知，在考虑优化措施将破坏强度系数分别降低 0％、5％、10％ 和 20％后，暴雪天气下机场基础设施系统功能水平由最低水平恢复到灾前 80％ 水平所用时间分别为 12h、11h、10h 和 9h，说明通过优化恢复措施可以缩短机场基础设施系统功能恢复时间。

采用恢复力和平均恢复速度量化恢复情况，根据图 4-1，恢复力定义为恢复阶段的系统机能累积量与总时间内系统正常运转下的机能累积量之比[12]，如式（4-19）所示：

$$r_{b} = \frac{\int_{t_{2}}^{t_{3}} F(t) \mathrm{d}t}{\int_{t_{1}}^{t_{E}} F_{s}(t) \mathrm{d}t} \tag{4-19}$$

式中，r_{b} 为恢复力；$F_{s}(t)$ 表示系统正常运转情况下的功能曲线；$F(t)$ 表示系统在灾害下的功能曲线。

灾害下系统的平均恢复速度定义为单位时间内功能恢复水平，如式（4-20）所示：

$$v = \frac{\Delta F(t)}{\Delta t} = \frac{F(t_y) - F(t_x)}{t_y - t_x} \tag{4-20}$$

式中，v 为平均恢复速度；t_x 时刻功能水平为 $F(t_x)$；t_y 时刻功能水平为 $F(t_y)$；$\Delta F(t)$ 表示时间间隔 Δt 内功能变化情况。

不同破坏强度下机场基础设施系统恢复速度和恢复力如表 4-8 所示。

不同破坏强度下机场基础设施系统恢复情况　　　　　表 4-8

破坏强度降低工况	0%	5%	10%	20%
v（%/h）	0.053	0.056	0.062	0.061
r_b	0.352	0.368	0.374	0.432

从表 4-8 可知，破坏强度系数降低 5%、10% 和 20% 后，平均恢复速度 v 分别为 0.056、0.062 和 0.061，相对于破坏强度系数未降低而言，恢复速度增幅为 5.7%、17.0% 和 15.1%，说明破坏强度降低 10% 时恢复效果最佳；同样，破坏强度系数降 5%、10% 和 20% 后，恢复力 r_b 有较明显的提升，分别为 0.368、0.374 和 0.432，相对于未降低破坏强度系数而言，恢复力增幅为 4.5%、6.2% 和 22.7%，说明从韧性角度考虑，破坏强度系数降低 20% 时恢复力最高。

4.7　本章小结

本章提出了降雪天气对各系统二级指标的破坏强度系数，建立了机场基础设施系统韧性时变分析模型，采用蒙特卡罗方法分析了四种不同等级降雪天气下机场基础设施系统韧性水平变化规律，分析了物理、功能、经济和组织四个一级指标及其二级指标对机场设施韧性的影响。主要结论如下：

（1）暴雪天气下机场基础设施系统韧性受损程度显著，机场基础设施系统功能受损程度和恢复时间与降雪强度正相关，小雪、中雪、大雪和暴雪下机场基础设施的恢复时间分别为 13h、14h、16h 和 23h；相对大雪、中雪和小雪天气而言，暴雪下机场韧性水平分别降低了 9.7%、17.0% 和 20.3%。

（2）物理指标、功能指标、经济指标和组织指标对机场基础设施的韧性影响存在差异，例如暴雪下物理、功能、经济和组织指标对应的功能水平分别为 0.374、0.388、0.418 和 0.346。在同等级降雪下，机场基础设施系统的物理指标和组织指标受损程度大于功能指标和经济指标，说明降雪天气下应优先对物理指标和组织指标采取恢复措施。

（3）二级指标破坏强度系数降低后，机场基础设施整体系统韧性值出现不同程度的提高，例如，物理指标下二级指标破坏强度系数分别降低 20% 时，机场基础设施韧性水平由原来的 0.7845 分别提升至 0.8959、0.8937、0.9184、0.8937。各一级指标下影响最大的二级指标分别是目视助航及灯光设施、陆侧通行区、机场盈利和机场人员工作效率。

（4）基于韧性分析模型，考虑优化除雪效率和成本等多种措施时，可以提升暴雪天气下机场基础设施系统韧性的恢复速度，例如破坏强度系数降低 20% 可使系统恢复速度从 0.053%/h 提升至 0.061%/h，恢复力从 0.352 提升至 0.432，对应恢复时间由 12h 降低至 9h。

参 考 文 献

[1] 许慧，李杨，邓宁辉，等．城市复杂公共空间系统韧性建模研究[J]．系统工程理论与实践，2022，42(7)：1964-1978.

[2] 李杨．城市复杂公共空间韧性评估模型研究[D]．重庆：重庆邮电大学，2021.

[3] 石龙宇，郑巧雅，杨萌，等．城市韧性概念、影响因素及其评估研究进展[J]．生态学报，2022，42(14)：6016-6029.

[4] 徐平．暴雪天气下机场基础设施系统韧性恢复策略研究[D]．天津：中国民航大学，2024.

[5] CIMELLARO G P，REINHORN A M，Bruneau M. Framework for analytical quantification of disaster resilience [J]. Engineering Structures，2010，32(11)：3639-3649.

[6] METROPOLIS N C，ULAM S M. The Monte Carlo method[J]. Journal of the American Statistical Association，1949，247 (44)：335-341.

[7] 冯佳佳，吴华，阿旺加措．温度效应下基于蒙特卡洛法的边坡稳定性研究 [J]．计算机仿真，2022，39(11)：199-202＋229.

[8] 李瑞奇，黄弘，周睿．基于韧性曲线的城市安全韧性建模[J]．清华大学学报(自然科学版)，2020，60(1)：1-8.

[9] 张静，张志坚，周芯玉．基于蒙特卡罗方法的广州港航行风险评估[J]．气象与环境学报，2021，37(3)：132-138.

［10］　TYRALIS H，KOUTSOYIANNIS D，KOZANIS S. An algorithm to construct Monte Carlo confidence intervals for an arbitrary function of probability distribution parameters［J］. Computational Statistics，2013，28：1501-1527.

［11］　黄信，徐平，吴堃. 降雪天气对机场基础设施系统韧性恢复的影响［J］. 中国安全科学学报，2024，34(4)：175-182.

［12］　陈长坤，何凡，赵冬月，等. 基于系统机能曲线的城市道路公共交通系统韧性评估方法［J］. 清华大学学报(自然科学版)，2022，62(6)：1016-1022.

第 5 章
基于灾害数据的机场基础
设施韧性恢复分析

由于灾害发生的时间、破坏性事件的性质以及周围环境等诸多因素的影响，灾害作用下基础设施系统的恢复路径并不唯一。自然灾害下机场基础设施韧性恢复时间和路径由多种因素共同作用，为揭示基础设施的韧性恢复机理，需要考虑不同灾害因素的时变影响。本章基于生存分析中的 Cox 比例风险回归模型，建立自然灾害下机场基础设施的韧性功能恢复时变模型，分析机场基础设施韧性恢复的影响因素。

5.1　生存分析模型

5.1.1　基本原理

生存分析[1]是一种用来描述事件持续时间的方法，是生物统计学中的一种标准生存分析技术，目前在工业[2]、可靠性工程[3]、社会科学[4]等领域中应用广泛，通过此方法可以为受到灾害事件影响的基础设施推导出一个基于时间和条件的恢复率。生存分析被广泛应用的一个主要原因是它使用半参数方法［即在存在未知的基线函数 $h_0(t)$ 的情况下求解参数向量 β］，评估协变量对危险函数的影响，并最终评估事件发生的可能性。因此，生存分析的主要用途是描述性目的（即识别显著影响危险/存活率的因素并解释 β），而不是规定性目的（即实际估计给定一组协变量的危险/存活率）。

生存分析的方法主要有半参数法、参数法、寿命表法以及极限乘积法四种。半参数法即 Cox 比例风险模型，多用于识别协变量的预后因素；参数法包括指数模型、Weibull 模型等，在了解生存数据特定分布的情况下，参数检验比半参数检验更为有效；寿命表法主要用来测定死亡率以及描述群体生存现象；极限乘积法基于个体数据来估计生存率[5]。

5.1.2　生存分析的应用

1. 分析生存过程及分布

利用极限乘积法或寿命表法，可以对研究对象的生存时间分布进行描述和比较。根据上述方法绘制生存曲线，从而根据生存时间估计生存过程中每一时刻的生存率。当有多组数据时，可以分别绘制生存曲线，比较各组的生存过程是否存在差异。

2. 分析生存时间的影响因素

通过构建 Cox 比例风险模型，可以分析多种因素同时对生存时间或者生存率的影响程度；通过比较各因素的显著性筛选出有效因素，剔除无效因素，根据参数大小判断影响因素的作用大小。

3. 预测生存过程

根据构建的 Cox 比例风险模型可以绘制生存曲线、风险曲线、风险率曲线等，从而预测影响因素发生变化时观测对象生存情况的变化。

5.2　Cox 比例风险模型

5.2.1　韧性恢复模型

生存时间在医学领域中是指生物存活的时间，而广义的生存时间则是指研究现象的持续时间[6-7]。为研究机场基础设施韧性随时间的变化规律，定义机场基础设施韧性功能恢复的持续时间为从自然灾害发生，机场功能受到损坏，直到机场功能恢复至正常运行的时间。在生存分析中，通常用三个函数来展现生存时间的分布特征：概率密度函数、生存函数和风险函数[8-9]。

令 T 表示机场基础设施韧性功能恢复的持续时间，$f(x)$ 表示 T 的概率密度函数，P 表示概率。

1. 概率密度函数

T 的分布函数为：

$$F(t) = P(T \leqslant t) = \int_0^t f(x)\mathrm{d}x \qquad (5-1)$$

T 的概率密度函数为：

$$f(x) = \mathrm{d}F(t)/\mathrm{d}t = \lim_{\Delta t \to 0} \frac{P}{\Delta t} \qquad (5-2)$$

式中，P 表示机场基础设施韧性功能在 $(t, t + \Delta t)$ 内恢复的概率。

2. 生存函数

生存函数是指某个事件的持续时间超过 t 的概率，定义 $S(t)$ 为机场基础设施功能恢复时间的生存函数，其含义为机场从受到灾害影响开始，至机场基础设施功能得到恢复的时间大于 t 的概率。

$$S(t) = P(T > t) = 1 - F(T) = \int_t^\infty f(x)\mathrm{d}x \tag{5-3}$$

生存曲线即生存函数 $S(t)$ 的图形，生存曲线越陡峭说明生存率越低，即机场基础设施功能恢复时间越短；生存曲线越平缓说明生存率越高，即机场基础设施功能恢复时间越长。针对机场基础设施功能特征，以下用失效函数代指生存函数。

3. 风险函数

风险函数表示生存时间为 t 的个体在下一瞬间发生终点事件的概率[10]，本研究中指机场基础设施功能得到恢复的概率。为方便理解，下文用恢复函数代指风险函数。定义 $h(t)$ 为机场基础设施功能恢复时间的恢复函数，其含义为该机场基础设施功能在 t 时刻后下一很小时间间隔 Δt 内得到恢复的概率。

$$h(t) = \lim_{\Delta t \to 0} \frac{P}{\Delta t} = \lim_{\Delta t \to 0} \frac{P(t \leqslant T < t + \Delta t \mid T \geqslant t)}{\Delta t} \tag{5-4}$$

恢复函数也可称为条件生存率，即灾害导致的机场基础设施功能损失后经过时间 t 还未恢复的样本，在之后的时间段内基础设施功能得到恢复的概率。恢复函数也可以由分布函数 $F(t)$、概率密度函数 $f(x)$ 以及失效函数 $S(t)$ 来表示：

$$h(t) = \frac{f(t)}{1 - F(t)} = \frac{f(t)}{S(t)} = -\mathrm{d}\ln[S(t)]/\mathrm{d}t \tag{5-5}$$

可知，给定式（5-5）中的一种函数，另外两种函数即可推导得出，其中生存函数 $S(t)$ 的图形为失效曲线，概率密度函数 $f(x)$ 的图形为密度曲线，恢复函数 $h(t)$ 的图形为恢复曲线。

5.2.2　恢复模型求解

医学领域中的 Cox 比例风险回归模型（又称 Cox 回归模型）常用于研究既不知道生存时间分布类型，又有多种因素对生存时间存在影响的问题。Cox 回归模型假定协变量作用下的恢复函数由基准恢复函数和含有协变量函数的乘积组成：

$$h(t) = h_0(t) \cdot f(X, \beta) \tag{5-6}$$

对数线性模型是协变量函数最常用的形式，即：

$$f(X, \beta) = \exp\left(\sum_{i=1}^n \beta_i X_i\right) \tag{5-7}$$

$$h(t, X) = h_0(t) \cdot \exp(\beta_1 X_1 + \beta_2 X_2 + \cdots + \beta_n X_n) \tag{5-8}$$

式中，$h(t, X)$ 表示恢复函数；$h_0(t)$ 表示基准恢复函数，即 t 时刻所有协变量取 0 时的风险率；$\beta = (\beta_1, \beta_2, \cdots, \beta_n)$ 表示参数向量，即估算出的回归系数；$X = (X_1,$

$X_2, \cdots, X_n)$ 表示协变量，即基础设施功能失效时间的影响因素。

1972年，英国生物统计学家 D. R. Cox 提出了在基准恢复函数未知的情况下估计模型参数的方法，该方法属于一种半参数模型。式（5-6）中，右侧部分 $h_0(t)$ 的分布无明确假定，属于非参数部分；另一部分可以通过样本事件（历史数据）来进行估计，属于参数部分。利用失效函数 $S(t, X)$ 与恢复函数 $h(t, X)$ 的关系可以推导出：

$$S(t, X) = \exp\left[-\int_0^t h(t, X)\mathrm{d}t\right] = \exp\left[-\int_0^t h_0(t)\exp\left(\sum_{i=1}^n \beta_i X_i\right)\mathrm{d}t\right]$$
$$= \exp\left\{\left[-\int_0^t h_0(t)\mathrm{d}t\right]\exp\left(\sum_{i=1}^n \beta_i X_i\right)\right\} = \left[S_0(t)\right]^{\exp\left(\sum_{i=1}^n \beta_i X_i\right)}$$

(5-9)

式中，$S_0(t) = \exp\left[-\int_0^t h_0(t)\mathrm{d}t\right]$ 为基准基础设施韧性恢复时间，表示无外部干扰因素影响时机场基础设施韧性恢复时间大于 t 的概率。

协变量参数的计算可以采用极大似然估计。设共有 n 个事件，第 i 个事件的风险特征为 X_i，发生的时间为 t_i，对于风险率集上在时间 t_i 韧性已经恢复的事件，作为被观测的事件恢复的概率为：

$$\frac{\exp\left[\sum_{l=1}^p \beta_l X_{ji}\right]}{\sum_{i \in n}\exp\left[\sum_{l=1}^p \beta_l X_{li}\right]} = \frac{\exp(\beta' X_i)}{\sum_{j \in n}\exp(\beta' X_j)}$$

(5-10)

将所有基础设施韧性恢复时间的条件概率相乘，得到似然函数：

$$L(\beta) = \prod_{i=1}^n \frac{\exp(\beta' X_i)}{\sum_{j:t_j \geq t_i}\exp(\beta' X_j)}$$

(5-11)

令 $LL(\beta) = \ln L(\beta)$，对数似然函数为：

$$LL(\beta) = \ln L(\beta) = \sum_{i=1}^n\left\{\beta' X_i - \ln\left[\sum_{j:t_j \geq t_i}\exp(\beta' X_j)\right]\right\}$$

(5-12)

梯度为：

$$\frac{\partial LL(\beta)}{\partial \beta} = \sum_{i=1}^n\left\{X_i - \frac{\sum_{j:t_j \geq t_i} X_j \cdot \exp(\beta' X_j)}{\sum_{j:t_j \geq t_i}\exp(\beta' X_j)}\right\}$$

(5-13)

基于式（5-13），在研究灾害下机场基础设施韧性恢复时间时，主要从参数显著性、因素属性以及风险率三个方面进行分析：

（1）影响因素显著性

当显著性检验 P 小于 0.05 时，该影响因素显著，说明该影响因素对机场基础设施韧性恢复能力有明显的影响；当显著性检验 P 大于 0.05 时，该影响因素不显著，说明该影响因素对机场基础设施韧性恢复能力没有明显的影响。

（2）影响因素属性

韧性恢复时间的持续影响体现在协变量函数对恢复函数或失效函数的作用上，作用效果由协变量的参数即回归系数 β 决定。

回归系数 β 大于 0 时，恢复函数 $h(t, X)$ 随着该协变量取值的增大而增大，该影响因素为危险因素，可以解释为机场基础设施韧性恢复的可能性变大，对恢复时间来说是有利因素。

回归系数 β 小于 0 时，恢复函数 $h(t, X)$ 随着该协变量取值的增大而减小，该影响因素为保护因素，可以解释为机场基础设施韧性恢复的可能性减小，对恢复时间来说是不利因素。

回归系数 β 等于 0 时，恢复函数 $h(t, X)$ 与该协变量的取值无关，该协变量为无关因素。

（3）恢复率

恢复率表示协变量在有利条件下相对于不利条件下对恢复的影响，当恢复率表示有利条件和不利条件的比值时，比值越大表示有利条件使得恢复率增加的可能性越大，则表示机场基础设施韧性恢复所用的时间越短。指数 $\exp(\beta)$ 表示当其他协变量不变时，X_i 变动一个单位引起的恢复率变动的倍数。

5.3　协变量的选取

5.3.1　协变量定义

为获得分析所需的协变量，从全球的气象站点、2019 年航班数据以及机场基础设施特征三个方面选取协变量指标。从出现延误航班开始，陆续有大量航班延误且当地存在一定程度的灾害时认定为存在自然灾害导致的机场功能损失；截至不再有延误航班时，机场功能水平得到恢复，此时间段定义为一个机场基础设施功能受到影响的自然灾害事件。总计筛选出 18 个机场、138 个灾害事件作为本次研究的样本，部分信息见表 2-2[11]。

从天气因素、航班情况以及机场特征三个方面选取 10 个初始变量，其中包含数值型变量 5 个、分类变量 3 个、顺序变量 2 个。数值型变量的取值为实际数值，分类变量和顺序变量被定义为 0、1、2 等具有指定意义的数字，但与所赋值的实际大小无关，具体定义说明见表 5-1。

协变量定义表　　　　　　　　　　　　　　　表 5-1

分类	协变量	数据类型	说明
天气因素	降雨量	数值型变量	实际值，期间最大降雨量（mm）
	降雪深度	数值型变量	实际值，期间最大降雪深度（mm）
	能见度	分类变量	0—高于 1.61km
			1—低于 1.61km
			2—低于 0.805km
	侧风	分类变量	0—风速低于 38.62km/h
			1—风速高于 38.62km/h
	低温	分类变量	0—平均低温高于 1.67℃
			1—平均低温低于 1.67℃
航班情况	航班最大延误时间	数值型变量	实际值（min）
	延误航班数量	数值型变量	实际值（个）
机场特征	跑道表面类型	顺序变量	1—混凝土跑道
			2—沥青跑道
			3—混合跑道
	跑道等级	顺序变量	1—4D
			2—4E
	机场海拔	数值型变量	实际值（m）

5.3.2　单因素分析

K-M 方法（Kaplan-Meier Survival Estimate）是一种无参数方法，该方法从观察的失效时间来估计功能失效概率，属于单变量分析。由于 K-M 方法只能针对分类变量（例如男/女），不能分析连续变量对功能失效造成的影响，因此分类变量采用 K-M 方法进行单因素显著性分析，统计检验采用 Breslow 以及 Log-Rank 两种方法，其中 Breslow 对观察早期更加敏感，Log-Rank 对观察后期更加敏感；数值型变量采用 Cox 单因素回归分析模型。K-M 分析的检验见表 5-2，Cox 单因素分析的检验见表 5-3，其中 $\exp(\beta)$ 为相对风险度或恢复率，CI 为置信区间[12]。

K-M 分析检验　　　　　　　　　　　　　　　　　表 5-2

变量	统计检验方法	卡方	自由度	显著性 P
低温	Log Rank (Mantel-Cox)	6.964	1	0.008
	Breslow (Generalized Wilcoxon)	9.522	1	0.002
能见度	Log Rank (Mantel-Cox)	6.899	1	0.009
	Breslow (Generalized Wilcoxon)	5.271	1	0.022
侧风	Log Rank (Mantel-Cox)	3.768	1	0.052
	Breslow (Generalized Wilcoxon)	2.830	1	0.093
跑道类型	Log Rank (Mantel-Cox)	3.546	2	0.170
	Breslow (Generalized Wilcoxon)	3.030	2	0.220
飞行区等级	Log Rank (Mantel-Cox)	1.020	1	0.312
	Breslow (Generalized Wilcoxon)	0.674	1	0.412

Cox 单因素分析检验　　　　　　　　　　　　　　　表 5-3

变量	β	SE	自由度	显著性 P	$\exp(\beta)$	95.0% $\exp(\beta)$ 的 CI 下限	95.0% $\exp(\beta)$ 的 CI 上限
航班峰值延误时间	−0.001	0	1	0.011	0.999	0.998	1
延误航班数量	−0.028	0.006	1	0	0.972	0.961	0.983
降雨量	−0.161	0.102	1	0.115	0.851	0.697	1.04
降雪深度	−0.046	0.023	1	0.048	0.955	0.913	1
机场海拔	0	0	1	0.352	1	1	1

如表 5-2 和表 5-3 所列，以显著性等于 0.1 为统计学标准，P 值小于 0.1 的因素对韧性恢复时间有显著影响，具有统计学意义；P 值大于 0.1 的因素不显著，不具有统计学意义。筛选出 7 个与机场基础设施韧性恢复相关的协变量，包括低温、能见度、侧风（边缘显著）、航班峰值延误时间、延误航班数量、降雨量（边缘显著）以及降雪深度。

5.4　PH 假定检验

比例风险模型具有不同个体成比例风险函数的性质，即在任何时间点不同事件发生的风险比例是恒定的［式（5-14）］，模型中协变量的效应不随时间而发生改变，简称比例风险假定（PH 假定）[13]。

$$K = \frac{h_i(t)}{h_j(t)} = \frac{\exp\left(\sum_{i=1}^{n}\beta_i X_i\right)}{\exp\left(\sum_{j=1}^{n}\beta_j X_j\right)} \qquad (5\text{-}14)$$

Cox 回归模型需要满足 PH 假定，协变量不满足 PH 假定会导致模型失效，降低模型检验效果。因此在统计分析前，有必要对协变量是否满足 PH 假定进行检验。目前 PH 假定的检验方法分为两类：图示法和假设检验法。图示法包括 K-M 生存曲线法、Schoenfeld 残差图法和 Martingale 残差图法等，需要主观判断图中散点的分布或者拟合趋势是否满足 PH 假定的要求；假设检验法包括时协变量法、线性相关检验法、Schoenfeld Residuals 趋势检验法等，利用假设检验中的 P 值（反映两组有无统计学意义的差别）判断协变量模型是否满足 PH 假定[14]。

1. K-M 失效曲线法

K-M 失效曲线法常用于分类变量的 PH 假定判断，通过观察失效曲线是否存在交叉，且呈大致平行状态，则判定变量基本符合比例风险假定。协变量为侧风、低温和能见度的曲线见图 5-1～图 5-3。由图 5-1～图 5-3 可知，协变量的两组失效曲线略有交叉但大致平行，因此可以判断这三个协变量基本符合比例风险假定。图中，"0"表示不考虑侧风、低温、能见度等因素影响，"1"表示考虑侧风、低温、能见度等因素影响，检剔后的样本是指在某些灾害事件的观察期间机场基础设施韧性功能还未得到恢复便终止观察，即不是所有的数据都被记录到，但由于其产生了有效的观察记录，因此需要注明并在以后的分析中将该样本剔除。

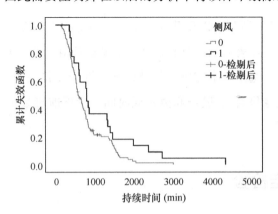

图 5-1　协变量为侧风的失效曲线图

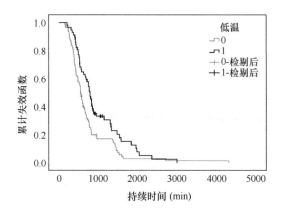

图 5-2　协变量为低温的失效曲线图

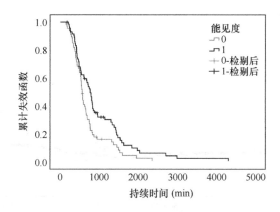

图 5-3　协变量为能见度的失效曲线图

2. Schoenfeld 差图法

K-M 生存曲线法对于取值较多的协变量无法精确进行分层分析，因此对于数值型变量采用 Schoenfeld 残差图法检验相关 PH 假定。Schoenfeld 残差图法由 Schoenfeld 于 1982 年提出，该方法的理念为：通过分析对 Cox 回归模型估算的偏残差以及生存时间的秩次绘制的残差图，若其中的散点随时间的变化在 0 水平线上下浮动，则 PH 假定成立。由于 Schoenfeld 残差图法中散点的变化趋势难以直接辨认和评价，通常利用 Lowess 平滑函数来绘制 Schoenfeld 残差与时间的平滑曲线，根据该平滑曲线进一步判断 PH 假定成立与否。理论上，在比例风险的假设下，该函数曲线的斜率为 0。

协变量为降雨量、降雪深度、航班峰值延误时间、延误航班数量的 Schoenfeld 残差图见图 5-4～图 5-7。由图 5-4～图 5-7 可知，绘制的各协变量的 Schoenfeld 残

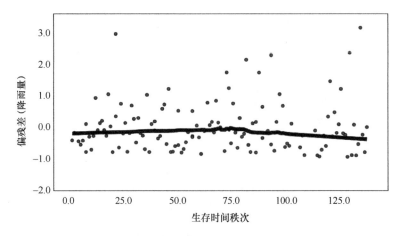

图 5-4　协变量为降雨量的 Schoenfeld 残差图

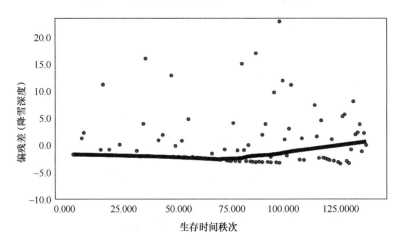

图 5-5　协变量为降雪深度的 Schoenfeld 残差图

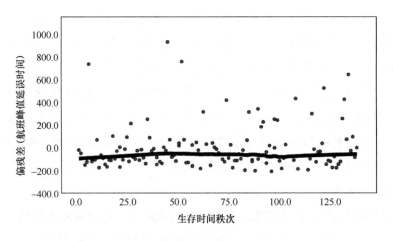

图 5-6　协变量为航班峰值延误时间的 Schoenfeld 残差图

差关于生存时间秩次的图形基本以 0 轴为中心分布，Lowess 曲线几乎平行于 0 轴，因此降雨量、降雪深度、航班峰值延误时间以及延误航班数量均满足 PH 假定。

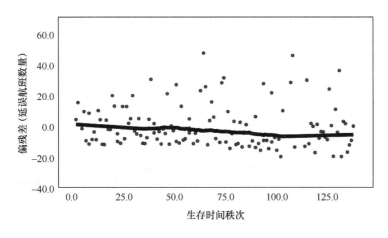

图 5-7　协变量为延误航班数量的 Schoenfeld 残差图

5.5　韧性恢复时变模型分析

将经过筛选的样本以及满足条件的协变量代入机场基础设施韧性恢复时间 Cox 回归模型中，运用 SPSS 26.0 软件中的生存分析过程来构建 Cox 模型，将机场内存在延误航班的持续时间作为生存时间，是否恢复正常运行作为状态，定义恢复为结局事件。将侧风、低温以及能见度设置为分类变量；将降雨量、降雪深度、航班峰值延误时间以及延误航班数量设置为数值型变量。为了评估各协变量在模型中的作用，采用向后逐步回归法（LR），即变量经过似然比检验确定是否从模型中剔除的向后消去法，向后消去法可以最大化地筛查有价值的预测因子项，避免部分遗漏重要因子选项。

5.5.1　参数估计结果

对经过 SPSS 26.0 软件运行的结果进行分析，参数估计过程经过 3 次迭代，最终回归结果显示，Cox 回归模型方程的有效变量包括延误航班数量、降雨量、降雪深度、低温以及侧风 5 个变量。以上变量对机场基础设施韧性恢复时间有显著影响，具体见表 5-4 和表 5-5，其中 Wald 为瓦尔德系数，Sig 为协变量显著性。

Cox 回归模型的参数估计 表 5-4

变量名称	β	SE	Wald	df	Sig	$\exp(\beta)$	95.0% $\exp(\beta)$ 的 CI	
							下限	上限
延误航班数量 x_1	−0.033	0.006	29.081	1	0	0.967	0.955	0.979
降雨量 x_2	−0.292	0.115	6.492	1	0.011	0.747	0.597	0.935
降雪深度 x_3	−0.048	0.026	3.561	1	0.059	0.953	0.906	1.002
低温 x_{41}/x_{40}	−0.47	0.225	4.365	1	0.037	0.625	0.402	0.971
侧风 x_{51}/x_{50}	−0.572	0.249	5.27	1	0.022	0.565	0.346	0.92

模型系数的 Omnibus 检验 表 5-5

步长	−2 对数似然值	总体（得分）		从上一步进行更改		从上一块进行更改	
		χ^2	Sig	χ^2	Sig	χ^2	Sig
1	952.955	45.186	0	63.463	0	63.463	0
3	955.143	43.523	0	—	—	61.275	0

由表 5-4 和表 5-5 可知，模型的卡方值为 43.523，总体得分的显著性水平为 0，证明该模型具有统计学意义。降雪深度的显著性水平为 0.059，属于边缘显著，其他协变量的参数估计显著性水平均小于 0.05，表示模型中的因素对机场基础设施韧性恢复时间具有显著影响。协变量的系数均为负值，即 $\exp(\beta)<1$，为不利因素，表示协变量每增加一个单位，将导致机场在某时刻恢复正常水平的恢复率变为 $\exp(\beta)$ 倍。在 Cox 回归模型中，协变量系数绝对值的大小代表了其对机场基础设施韧性恢复时间的影响程度。由表 5-4 可知，侧风、低温环境对机场基础设施韧性恢复的时间影响较大，而延误航班数量以及降雪深度绝对值系数较小，相对影响较小。回归系数的相关性矩阵如表 5-6 所示。

回归系数的相关性矩阵 表 5-6

变量	延误航班数量	降雨量	降雪深度	低温
降雨量	0.009	—	—	—
降雪深度	0.157	−0.018	—	—
低温	0.017	0.261	−0.507	—
侧风	0.049	0.042	0.119	−0.014

通过计算协变量之间的相关系数，检验模型变量之间的相关性。若变量之间存

在显著相关关系，则需要对数据进行处理，同时结合其他研究资料以及实际情况确定该变量的重要性，最终做出剔除或保留该变量的决定。两个变量的相关系数在 0～0.19 之间为极低相关，在 0.20～0.39 之间为低度相关，0.40～0.69 为中度相关，0.70～0.89 为高度相关，0.90～1.00 为极高相关。由表 5.6 可知，模型协变量之间的相关系数均不大，说明进入模型的变量之间基本是相互独立的，共线性问题不明显[15]。

由表 5-4 的协变量参数估计可以得到 $\mathrm{RH}(t)$：

$$
\begin{aligned}
\mathrm{RH}(t) = \frac{h(t)}{h_0(t)} &= \exp(\beta_i x_i) \\
&= \exp(-0.033x_1 - 0.292x_2 - 0.048x_3 - 0.47x_{41} \\
&\quad -0.572x_{51})
\end{aligned}
\tag{5-15}
$$

式中，$\mathrm{RH}(t)$ 表示在时间 t、协变量 x_i 下 的恢复率和基准恢复率的比值。

从而得到机场基础设施韧性恢复的时变模型，即机场基础设施韧性恢复的 Cox 回归模型，其表达式为：

$$
\begin{aligned}
h(t) &= h_0(t)\exp(\beta_i x_i) \\
&= h_0(t)\exp(-0.033x_1 - 0.292x_2 - 0.048x_3 \\
&\quad -0.47x_{41} - 0.572x_{51)}
\end{aligned}
\tag{5-16}
$$

式中，x_1 为延误航班数量；x_2 为降雨量；x_3 为降雪深度；x_{41} 为低温环境；x_{51} 为侧风环境；$h_0(t)$ 为基准恢复函数。

5.5.2　影响因素分析

基于构建的 Cox 回归模型，从显著性、影响因素属性以及风险率三个方面对协变量的影响情况进行定量分析。

1. 延误航班数量

延误航班数量为数值型变量，回归系数为 -0.033，属于不利因素。即延误航班数量每增加一趟航班，机场基础设施功能韧性的恢复率减少 3.25%（$e^{-0.033}-1$），从而机场基础设施功能恢复所需的时间增加。在自然灾害发生后，机场存在延误航班则意味着机场功能未能恢复到灾害前的水平；不存在受天气影响的延误航班则说明机场功能得到恢复。延误航班数量的多少可以一定在程度上反映机场的韧性功能水平以及面对灾害的大小。延误航班数量越高，机场的拥堵越严重，机场恢复所需的时间越长。

2. 降雨量

降雨量是数值型变量，其回归系数为 -0.292，为不利因素，且对机场基础设施功能韧性具有较强的显著性。降雨量每增大 25.4mm/24h，机场基础设施功能韧性在某一时间恢复的可能性减少 25.32% $(e^{-0.292}-1)$，受灾时间延长。特别是在大暴雨期间，飞机发动机容易熄火，且暴雨造成空气动力环境恶劣；降雨会导致道面摩擦系数降低，并伴随着飞机溅水的问题；强降雨会使得机场能见度降低，影响飞机驾驶员的视程判断，增加飞行难度；另外，强降雨使得地面交通基础设施的运行效率降低甚至关闭。

3. 降雪深度

降雪深度为数值型变量，其回归系数为 -0.048，为不利因素。降雪深度每增加一个单位，机场基础设施功能韧性在某一时间恢复的可能性减少 4.69% $(e^{-0.048}-1)$，受灾时间延长。暴雪导致机场道面积雪，使得飞机不能正常起降，降雪量越大，除雪时间越长，从而增加了机场功能恢复时间。

4. 低温

低温为分类变量（0 表示非低温环境，1 表示低温环境），其回归系数为 -0.470，属于不利因素，且影响作用非常显著，说明与非低温环境相比，低温环境的机场基础设施功能韧性恢复的可能性更小，基础设施恢复正常水平所耗费的时间更长。在参数估计过程中，以非低温环境作为参照条件，低温环境的基础设施功能韧性恢复率是其 0.625 $(e^{-0.470})$ 倍。低温环境会导致机场道面结冰，危及飞机飞行安全；轮胎与冰层间的摩擦力减小，起飞降落的飞机会产生不规则滑动，易发生冲出跑道的事故；低温环境会使过夜飞机机体大面积结冰，导致飞机操作不灵，稳定性下降。因此，在低温环境下，为了避免结冰现象导致的安全问题，机场人员会进行除冰保障工作，从而使得机场恢复正常功能的时间变长。

5. 侧风

侧风为分类变量（0 表示无侧风影响，1 表示存在侧风影响），在参数估计过程中以无侧风影响为参照条件，回归系数为 -0.572，表明侧风为不利因素，存在侧风影响时相对无侧风影响的韧性恢复率为 0.565 $(e^{-0.572})$ 倍。强侧风对飞机起降会造成极大的影响，起降阶段的飞行速度较慢，可操作性与稳定性较差，强侧风的影响可能会导致飞机发生偏转，影响飞行安全。为了避开强侧风阶段起降，机场会暂缓航班的计划，使得机场正常功能恢复时间增加。

5.5.3　模型应用

1. 相对恢复率

为了比较模型中不同协变量的效应，令协变量分别取值为不利条件和有利条件（相对平均值而言），将需要分析的协变量取两个极端值，其余协变量取观测平均值，带入式（5-15）中的恢复函数公式，即可得到所需分析协变量对应的相对恢复率和恢复比。高恢复率指机场基础设施相对协变量均值而言在有利条件下的相对恢复率；低恢复率指机场基础设施相对协变量均值而言在不利条件下的相对恢复率；恢复比表示灾害下机场基础设施在有利条件和不利条件下的相对恢复率之比，其比值越大说明有利条件影响下机场基础设施功能韧性恢复更快的可能性越大。

各协变量的相对恢复率与恢复比见表 5-7。由表 5-7 可知，延误航班数量以及降雨量的恢复比更大。延误的航班少，可以反映出机场基础设施功能恢复时间短；降雨量越小，越有利于韧性恢复。

相对恢复率与恢复比　　　　　　　　　　表 5-7

协变量	均值	变量取值		相对恢复率		恢复比
		不利条件	有利条件	低恢复率	高恢复率	
延误航班数量	24.674	40	10	0.138	0.372	2.696
降雨量	0.858	3	0	0.123	0.294	2.390
降雪深度	2.493	6	1	0.194	0.246	1.268
低温	0.413	1	0	0.173	0.278	1.607
侧风	0.167	1	0	0.142	0.252	1.775

为了进一步分析数值型变量在不同取值下对应的相对恢复率，计算了对应协变量在实际中可能取值的相对恢复率并绘制出曲线，见图 5-8。

由图 5-8（a）可知，当降雨量从 0 增大至 88.9mm 时，相对恢复率下降较快，表明机场基础设施性能损失较为严重，恢复所需的时间显著增加。从图 5-8（b）可以看出，降雪深度相对恢复率的下降速度较为平缓，变化幅度不大。由图 5-8（c）可知，当延误航班数量从 0 变化为 30 时，相对恢复率迅速下降，表明机场基础设施韧性恢复时间显著增加；延误航班数量增长至大于 75 班后，相对风险率下降速度变缓，说明在航班延误达到一定数量后，机场基础设施功能韧性恢复时间增加的幅度减小。

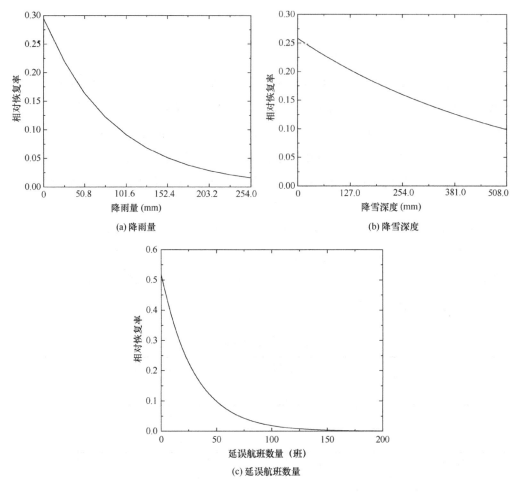

图 5-8   数值型变量的相对恢复率

2. 预测和评估

Cox 比例风险模型可以在机场遭遇灾害时建立基础设施功能恢复时间的失效函数，对随时间变化的机场基础设施恢复率进行总体建模。分别采用乘积极限法计算观察结果和 Cox 比例风险模型计算估计结果，结合两种方法中协变量的变化，预测和评估灾害后机场韧性功能的恢复时间。

图 5-9 显示了观察结果的失效函数以及由 Cox 回归模型得到的估计失效函数，即灾害发生后机场基础设施功能尚未恢复的机场数量百分比。可以看出，失效函数是随时间单调递减的，900min 之前的观察结果与估计结果十分相似，且累计失效函数值大幅下降，这说明大多数的机场遭遇灾害后能在 900min 之内得到恢复；在 900～1300min 时间段，累计失效函数值的变化不显著；在 1300min 后，功能失效

的机场数量中观察值比估计值大，观察的失效值是实际调查数据的经验分布，而估计的失效值是由各协变量取均值得到的，并考虑了各个协变量对机场基础设施功能恢复时间的影响，因此估计结果更能反映该模型的实际情况。

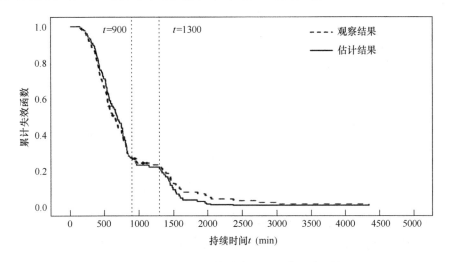

图 5-9　观察结果和估计结果的累计失效函数

自然灾害下机场基础设施韧性功能恢复曲线和恢复率分别如图 5-10 和图 5-11 所示。这些曲线图有助于决策者预测机场基础设施的韧性功能恢复率和可恢复能力，并通过 Cox 回归模型考虑所有的影响因素。例如，1500min 后基础设施的恢复函数参数值为 2.5，韧性功能恢复的可能性为 90%。

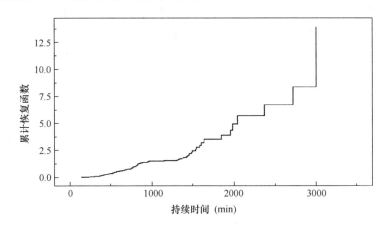

图 5-10　机场基础设施韧性功能恢复曲线

由图 5-11 可知，机场韧性下降后的 900～1300min 阶段，大多数机场在此阶段的韧性恢复缓慢；从恢复率曲线也可以证实，该阶段的恢复率曲线相对平缓，没有

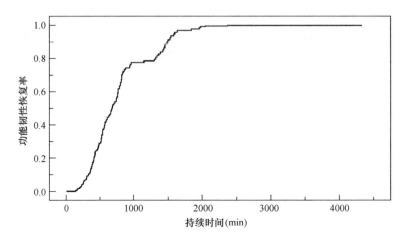

图 5-11　机场基础设施韧性功能恢复率

进一步的提升。这一现象表明，机场在受灾后进行救灾维护的过程中，900～1300min 时段机场基础设施功能恢复较慢，而在 1300min 后，机场基础设施功能恢复提升明显。

3. 分类变量差异评估

（1）低温因素

为分析低温因素对基础设施功能恢复的影响，给出了低温影响下机场基础设施功能恢复函数以及韧性功能恢复率，分析结果如图 5-12 和 5-13 所示，图中"0"表示无低温因素影响下的累计恢复函数曲线或韧性功能恢复曲线；"1"表示低温因素影响下的累计恢复函数曲线或韧性功能恢复曲线。

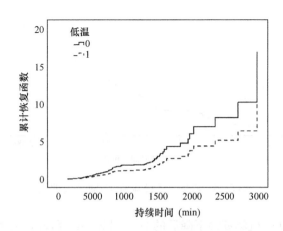

图 5-12　低温影响下的机场基础设施韧性功能恢复曲线

通过图 5-12 中低温影响作用的韧性累计恢复曲线可以看出，低温对机场基础设施韧性功能恢复的作用效果明显。

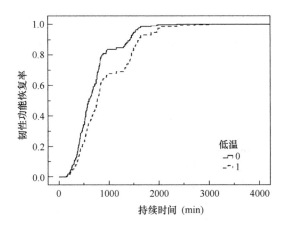

图 5-13　低温影响下机场基础设施韧性功能恢复率

由图 5-13 可知，当韧性功能恢复率达到 50％时，正常环境下的机场恢复耗费的时间小于 600min，受到低温影响的机场耗费的恢复时间小于 780min，低温环境比正常环境所消耗修复的时间增加 30.0％。同时可知，当持续时间进行到 1000min 时，正常环境下的机场基础设施韧性功能恢复率达到 83.5％，低温环境下的机场基础设施韧性功能恢复率为 68％，此时低温因素对韧性功能恢复率影响最大，达到 15.5％。

（2）侧风因素

为分析侧风因素对基础设施功能恢复的影响，给出了侧风影响下机场基础设施功能恢复函数以及韧性功能恢复率，分析结果如图 5-14 和图 5-15 所示，图中"0"

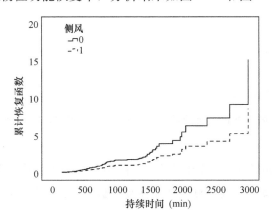

图 5-14　侧风影响下的机场基础设施韧性功能恢复函数

表示无侧风因素影响下的累计恢复函数曲线或韧性功能恢复率曲线；"1"表示侧风因素影响下的累计恢复函数曲线或韧性功能恢复率曲线。

通过图 5-14 中侧风影响作用的韧性累计恢复曲线可以看出，侧风对机场基础设施韧性功能恢复的作用明显，无侧风影响的情况下机场恢复的速率更快。

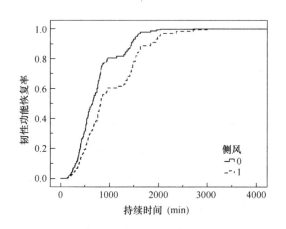

图 5-15　侧风影响下的机场基础设施韧性功能恢复率

由图 5-15 可知，当韧性功能恢复率达到 50％时，正常环境下机场恢复时间小于 650min，受到侧风影响的机场耗费的修复时间小于 820min，侧风影响比正常环境所消耗恢复的时间增加 26.2％。同时可知，当持续时间进行到 1000min 时，正常环境下的机场基础设施韧性功能恢复率达到 80.5％，侧风环境下的机场基础设施韧性功能恢复率为 60％，此时侧风因素对韧性功能恢复率影响最大，达到 20.5％。

5.6　本章小结

本章引入统计学模型 Cox 比例风险模型，建立了机场基础设施韧性恢复时变模型，分析了自然灾害下机场基础设施功能韧性恢复时间影响因素，揭示了变量对系统韧性恢复的规律。主要结论如下：

（1）基于建立的 Cox 回归模型可知，降雨量、降雪深度、延误航班数量、侧风和低温为影响机场基础设施韧性功能恢复的显著因素，其中侧风和低温因素的回归系数较大。

（2）基于机场基础设施韧性功能恢复曲线可知，机场基础设施功能从受灾后的开始阶段基础设施韧性功能恢复迅速，900～1300min 阶段的功能恢复速度缓慢，1300min 后机场基础设施功能已恢复至较高水平，说明在自然灾害发生后的 900min 内为大多数机场基础设施系统恢复的关键时间段。

（3）低温以及侧风两个因素对机场基础设施韧性功能恢复速率以及恢复率的影响显著，在韧性功能恢复率达到 50% 时，考虑低温环境以及侧风环境因素时所消耗修复的时间分别增加了 30.0% 和 26.2%。受灾后 1000min 时，低温影响以及侧风影响对韧性功能恢复率影响最为明显，分别达到了 15.5% 和 20.5%。

参 考 文 献

[1] 林静．基于 MCMC 的贝叶斯生存分析理论及其在可靠性评估中的应用[D]．南京：南京理工大学，2008.

[2] 张体俊，黄建忠，高翔．企业管理能力、全要素生产率与企业出口——基于中国制造业微观企业证据[J]．国际贸易问题，2022(5)：155-174.

[3] 史婧轩．基于可靠性分析的城轨列车转向架故障预测与维修[D]．北京：北京交通大学，2014.

[4] 孙楚仁，李媚媚，陈瑾．双边政治关系改善能延长企业出口产品持续时间吗[J]．国际经贸探索，2022，38(7)：4-24.

[5] 刘优阳．基于 Cox 比例风险模型的城镇职工脱贫影响因素研究[D]．银川：宁夏大学，2021.

[6] BARABADI A，AYELE Y Z．Post-disaster infrastructure recovery：Prediction of recovery rate using historical data [J]．Reliability Engineering & System Safety，2018，169：209-223.

[7] BARABADI A，BARABADY J，MARKESET T．Maintainability analysis considering time-dependent and time-independent covariates[J]．Reliability Engineering & System Safety，2011，96(1)：210-217.

[8] 王景敏，崔利刚，许茂增．西部陆海新通道北部湾出海口岸通关效率评价——基于结构方程模型和模糊综合评价法[J]．重庆理工大学学报（自然科学），2022，36(5)：266-276.

[9] 庄伟卿，刘震宇．一种基于结构方程模型的模糊综合评价算法的改进与系统实施[J]．统计与决策，2013(12)：11-13.

[10] 朱佳玮，孙文章，岳秀峰．基于滨海环境资源特点的大连旅游承载状态评价[J]．地理科学，2021，41(4)：664-673.

［11］ 谭成松．自然灾害下民航基础设施韧性功能恢复模型研究［D］．天津：中国民航大学，2023．

［12］ HUANG X，YANG L Z，WU K，et al. Study on the resilience recovery of civil aviation infrastructure based on the cox proportional hazard model［J/OL］．Natural Hazards，2024，https：//doi. org/10. 1007/s11069-024-06814-8.

［13］ 环梅．基于生存分析的信号交叉口非机动车穿越行为研究［D］．北京：北京交通大学，2014．

［14］ 尚山山．小汽车通勤者出发时刻选择模型研究［D］．北京：北京交通大学，2015．

［15］ 严若华，李卫．Cox 回归模型比例风险假定的检验方法研究［J］．中国卫生统计，2016，33（2）：345-349．

第 6 章
机场基础设施灾前除雪
资源配置策略分析

为应对暴雪天气对机场运行的影响，机场会配备除雪设备并制定除雪预案。然而，目前机场的除雪设备主要根据经验配备，同时在除雪优化分析时尚未考虑局部区域人工除雪的影响。为满足机场运行安全的要求，人工除雪和设备除雪应协同工作。为提升暴雪天气下机场基础设施的韧性恢复能力，有必要综合考虑设备和人工除雪，建立暴雪天气下机场除雪资源多目标优化分析模型，为机场除雪设备的灾前配置提供依据。将机场设备除雪和人工除雪作为整体考虑，提出机场设备和人工除雪的效率计算方法，构建机场除雪成本分析模型，建立基于除雪恢复力和成本的机场除雪资源储备多目标优化模型；采用专家打分法确定优化目标主观权重，基于非支配排序遗传算法（NSGA-Ⅱ算法）和 TOPSIS 法，确定最优解集中的最佳策略方案。

6.1　机场除雪设备及方法

机场除雪主要清除跑道、滑行道、联络道、客货停机坪、服务车辆通道上的积雪，保障机场通行功能[1]。根据《民用机场运行安全管理规定》[2]，机场管理机构根据各机场实际情况编制除冰雪预案，以尽快消除降雪天气对机场运行的影响。各个机场的除雪准备工作不同，实际除雪效率也不尽相同。

除雪工作会影响机场的运行效率，除雪工作需要发布通报并关闭跑道；在除雪工作结束后还须确认人员和设备全部撤离作业面后才能使跑道进入运行阶段。机场场道除雪工作的工作区域大、设备种类多、人员调度复杂，既要分区域作业，又要考虑各区域间资源协同，保持步调一致，以满足各区域同时开放，避免因局部原因影响机场运行。

6.1.1　除雪设备

现有机场除冰雪设备种类和型号繁多，根据《民用运输机场航班保障专用设备配置指南（试行）》[3]，主要的场道除冰雪设备的种类及功能如下：

1. 推雪车

由驱动车和推雪板组合对场道除雪的设备，推雪板可调整高度和转角，通常是多车组合编队作业，将地面积雪推出供其他设备通行的道路，或是将积雪集中到指定位置，目前在机场除雪中应用广泛，具备环境适应能力强、价格低廉及性能可靠的优点，缺点是可能会对道面造成损伤。

2. 吹雪车

由车辆搭载大功率吹雪装置，利用冷风或热风吹除道面积雪的设备，分为冷吹式除雪车和热吹式除雪车，常用于清除滑行道和停机坪等开阔地区的各类雪；其工作效率高，除雪率不低于 95%，但燃油使用量大，成本较高，热吹雪方式还存在作业后道面积水进而结冰的问题。

3. 扫雪车

通过车辆驱动并利用毛刷清除道面异物的设备，不仅可以在冬季使用，用以扫除其他设备作业后的冰雪残留物，还可以在其他季节使用，如用于清扫跑道上沙石以提高道面洁净度。其工作用途与其他设备不同，不能用作雪地开路，可在小雪天气下单独使用，利用扫雪车多车编队是快速清除跑道少量积雪的较好方式。

4. 抛雪车

利用车辆前部带刀滚筒，将雪切散后收集并抛向跑道外的设备，常用于恶劣雪情下为其他设备开路；相对于其他设备，此设备结构更为复杂，但积雪越厚优势越明显。

5. 除冰液撒布车

用于喷洒道面防冰除冰材料的设备，其效率高、成本低、作业限制少。目前广泛应用于国内各大机场的有 NW-056A 和 NW-059 ECO 两款除冰液。此外还有融雪剂洒布车，利用融雪剂降低冰雪融化温度融化积雪，可于降雪前，喷洒后视雪情进行除雪作业，也可用于除雪作业后较少积雪的清除。

6. 多功能除雪车

具有两种或两种功能以上的除雪设备。

以上除冰雪设备的工作原理、适用条件及工作效率均有差异，选取了推雪车、吹雪车和抛雪车三种主力设备构建除雪恢复力模型。

6.1.2 除雪方法

机场除雪方法可分为机械式物理法、机械式化学制剂法、热力学方法和人工除雪等方法。机械式物理法即采用各种专业机械设备清除道面积雪，相对于化学制剂法对道面的污染小、破坏少，是适用于各种雪情的有效除雪方法。机械式化学制剂法是利用机械设备喷洒除雪液、融雪剂等制剂，达到融雪和防止结冰的目的；热力学方法是利用高温介质融化并清理冰雪，此外，道面下预埋加热管进行除雪的方法也已得到应用。人工除雪是利用各种简单设备清扫积雪，是针对机械设备的不足进行的补充，同时对于飞机周边等关键区域也必须采用人工除雪。目前机场主要以机械设备物理除雪为主，考虑部分区域的除雪限制，人工除雪也必不可少，应合理地组合设备除雪和人工除雪。以下分别介绍机械式物理除雪和人工除雪的特点。

1. 机械式物理除雪

通过多种设备组合形成编队，根据实际情况可使用人字形或梯形队进行推雪或扫雪作业。为保证作业安全，车辆之间应保持 7m 以上的间距，实际中还应考虑车速、车辆制动效果和道面摩擦系数来确定间距；左右车辆间距按照作业车辆的有效覆盖面宽度确定，要保证一定的重合宽度；同时，出于安全考虑，车辆并行时间距一般不小于 3.5m，时速不得超过 30km/h。

停机坪的除冰雪应从机坪滑行道和机位滑行道开始，除冰雪效果要使滑行道标志明显和中线灯清洁，以保证飞行器正常推出，在时间和设备条件允许的情况下，可以清除标志牌周围的积雪，同时防止积雪融化成水，影响供电系统。

积雪会使道面湿滑，降低摩擦系数，增加了碰撞风险，所以为避免除冰雪车辆设备因刹车制动失效或其他情况发生事故，在离飞机小于 5m 的地方，不得使用大型除冰雪机械设备[4]。

2. 人工除雪

相对于机械除雪而言，人工除雪存在效率低下、调度复杂的缺点，但由于机场部分区域的限制，如存在廊桥和各种保障设备的航站楼附近以及飞行器附近的一定范围内，大型设备除雪因安全问题难以使用，此时应采取人工除雪方式。

人工除冰雪作业时所用的工具多为铁锹、平铲、推板等装备，通过人力将地面积雪定点堆放，等待机械设备来装运，人工除雪一般应用于以下几种情况：在冰雪灾害下，机械作业不足以及时清除冰雪时，采取人工方式给予补充，提升效率；禁止机械化作业区域的除雪作业，如停机坪上飞机附近的区域；不适合机械化设备发挥功能的狭小区域的除雪作业。人工除雪时需注意以下几种情况：应避免与机械作业在一个区域内混合进行，但在人工除雪过程中可以使用机械设备作为辅助；防止附近作业有较远射程的气流或抛撒物伤害人工作业人员；做好防护工作，保证作业人员安全。

6.2　除雪效率分析

除雪效率是指单位时间除雪量（m³/h），不同除雪设备的除雪效率存在差异，且设备部件和操作人员也会影响设备的除雪效率，为准确地建立降雪灾害下机场除雪多目标优化模型，分别定义了设备除雪效率和人工除雪效率。

（1）设备除雪效率

根据《机场除雪车》GB/T 31031—2014 的规定，具体除雪设备效率实测方法为：作业宽度和作业速度按正反两次除雪作业结果测得，记录雪的密度、除雪宽度、作业时间和燃油消耗量等数据，结果取平均值，除雪效率通过式（6-1）计算：

$$S = \frac{3600}{t} \sum_{i=0}^{n} w_i l_i \tag{6-1}$$

式中，S 为每小时的除雪面积，单位为 m^2/h；l_i 为测量点间隔，单位为 m；w_i 为除雪宽度，单位为 m；t 为测试除雪所需的时间，单位为 h。

采取理论分析方法确定设备实际作业能力，设备除雪效率由所有除雪设备效率的总和得出，同时需要考虑设备、人员及作业能力修正。考虑到机场除雪设备中具有同一功能的设备具有不同型号，按式（6-2）确定设备效率：

$$D_{ij} = D'_{ij} \cdot f_t \cdot f_c \cdot \alpha \tag{6-2}$$

式中，D_{ij} 为第 i 种设备的第 j 种型号的实际作业效率；D'_{ij} 为第 i 种设备的第 j 种型号的理论作业效率；f_t 为设备修正系数；f_c 为作业人员修正系数，取 $0.95 \sim 1.00$；α 为设备作业能力系数[4]。

（2）人工除雪效率

人工除雪采用设备较为简单，人工除雪效率受管理因素和天气因素的影响较大，由式（6-3）计算人工除雪效率。

$$L_p = L_t \cdot f_c \tag{6-3}$$

式中，L_p 为人工除雪的实际作业效率；L_t 为人工除雪的理论作业效率；f_c 为折减系数。

（3）除雪恢复力

引入机场除雪恢复力表述机场整体除雪能力，定义除雪恢复力 R 为设备除雪效率和人工除雪效率之和：

$$R = \sum X_{ij} D_{ij} + Y_k L_p \tag{6-4}$$

式中，R 表示除雪恢复力；X_{ij} 第 i 种设备的第 j 种型号数量；D_{ij} 表示第 i 种设备的

第 j 种型号的实际作业效率；Y_k 表示除雪人员数量。

将跑道、机坪、滑行道和辅助道面区域考虑为设备除雪区域，除雪面积按式（6-5）确定，各区域间设备调度由机场指挥人员调度完成。按式（6-6）对人工除雪区域作以下考虑：航站楼到辅助道路边线区域和飞行器 5m 范围内采用人工除雪。

$$S_D = S_P + S_H + S_T + S_F \qquad (6-5)$$

$$S_L = T_L W + N_J S_J \qquad (6-6)$$

式中，S_L 为人工除雪区域面积；T_L 为航站楼周长；W 为航站楼建筑外墙边线到道路边线的距离；N_J 为停机位的数量；S_J 为单个停机位面积；S_D 为设备除雪区域面积；S_P、S_H、S_T、S_F 分别为跑道、滑行道、停机坪及辅助道面的面积。

6.3 除雪成本分析

除雪成本是除雪资源模型中的重要指标。考虑除雪设备成本由固定成本和浮动成本构成，固定成本即设备购入成本，浮动成本即设备运维成本。目前大多数除雪资源分析并未考虑人工成本，实际上，当机场除雪的人工规模较大时，其对资源配置模型最终效率和成本的影响是不容忽视的。考虑人工成本因地区、工种和工作环境不同而有较大差异，难以统一，分析中参考《民航空管专业工程概、预算编制办法及费用标准（征求意见稿）》，考虑直接人工、规费、措施费及材料费，机场除雪总成本按式（6-7）计算。

$$C = \Sigma C_{aij} \cdot N_{ij} + \Sigma C_{bij} \cdot T_{ij} + C_L \qquad (6-7)$$

式中，C 表示除雪总成本；C_{aij} 表示第 i 种设备第 j 种型号的固定成本；N_{ij} 表示第 i 种设备第 j 种型号的数量；C_{bij} 表示第 i 种设备第 j 种型号的浮动成本；T_{ij} 表示第 i 种设备第 j 种型号的运行时长；C_L 为人工成本。

6.4 除雪资源储备多目标优化模型

6.4.1 多目标优化分析方法

多目标优化简称 MOP，是指在某个需要考虑多个目标的场景下，由于目标间

113

一般存在冲突，无法同时达到最优，一个目标的优化需要以其他目标的劣化为代价，因此很难出现唯一最优解，取而代之的是在它们中间进行协调和采取折中处理，使总体的目标尽可能达到最优。

多目标优化问题主要由目标函数以及施加于决策变量的约束条件的数学模型表示：

$$(MOP)\min f(x) = [f_1(x), f_2(x), \cdots, f_n(x)] \tag{6-8}$$

$$s.t.\ x \in X \tag{6-9}$$

式中，X 为非空子集 f 的每一个分量 $f_i(i = 1, 2, \cdots, n)$，是 x 处关于常数 L 的函数。

多目标优化模型可以解决许多实际问题，在数据挖掘、机器学习、工程管理、交通运输等领域广泛运用。孙会航等[5]将多目标优化和综合评价相结合，构建了一种以成本和污染物控制率等为目标函数的海绵城市设计方法。李明峰等[6]以恶劣气象海况下船舶航线为研究对象，建立了以最小航时和最低油耗为目标的多目标优化模型，提出一种新的气象航线优化方法。多目标优化的基本概念如下：

（1）Pareto 支配

有两个解 x_1 和 x_2，x_1 支配 x_2 的充要条件是对于任意的 i（$i=1, 2, 3, \cdots, m$），均有 $f_i(x_1) \leqslant f_i(x_2)$，且对于任意的 i（$i=1, 2, 3, \cdots, m$），存在 $f_i(x_1) < f_i(x_2)$，记为 $x_1 < x_2$。

（2）Pareto 最优解

当且仅当解 x' 不被任何其他解支配时，该解 x' 是最优解，也称非劣解。

（3）Pareto 最优解集

Pareto 最优解一般有多个，由 Pareto 最优解构成的集合称为 Pareto 最优解集，解集中的任意两个解都不能支配对方。

（4）Pareto 前沿

Pareto 最优解集中，每个解对应的目标函数值组成的曲面称为 Pareto 前沿，简称 PF。

6.4.2　除雪资源储备多目标模型

基于上述定义的设备及人工除雪效率、除雪成本，引入除雪约束条件，建立考虑恢复力和成本的机场除雪资源储备多目标优化模型，其中式（6-10）为第一个目标函数，表示使除雪资源的恢复力最大；式（6-11）为第二个目标函数，表示使除雪成本最小；式（6-12）表示设备除雪和人工除雪面积满足总需求；式（6-13）和（6-14）表示除雪设备和人工数量限定在合理范围内；式（6-15）表示设备除雪和人工除雪时间相近。

目标函数：

$$\max(R) = \max\left\{ \sum_{i=1}^{m} \sum_{j=1}^{n} X_{ij} D_{ij} + Y_{k} L_{p} \right\} \tag{6-10}$$

$$\min(C) = \min\left\{ \frac{1}{12} \sum_{i=1}^{m} \sum_{j=1}^{n} X_{ij} C_{ij} + Y_{k} C_{k} + S_{D} \cdot q_{ij} \sum_{i=1}^{m} \sum_{j=1}^{n} p_{ij} \Big/ \sum_{i=1}^{m} \sum_{j=1}^{n} X_{ij} D_{ij} \right\} \tag{6-11}$$

约束条件：

$$S_{D} + S_{L} \geqslant S_{Z} \tag{6-12}$$

$$X_{ij,\min} \leqslant X_{ij} \leqslant X_{ij,\max} \tag{6-13}$$

$$Y_{k,\min} \leqslant Y_{k} \leqslant Y_{k,\max} \tag{6-14}$$

$$\frac{S_{L}}{Y_{k} L_{p}} = \frac{S_{D}}{\sum_{i=1}^{m} \sum_{j=1}^{n} X_{ij} D_{ij}} \tag{6-15}$$

式中，R 表示除雪恢复力；X_{ij} 表示第 i 种设备第 j 种型号的数量，$i=1,2,\cdots,m$，$j=1,2,\cdots,n$，m、n 分别表示除雪设备的种类数和某种除雪设备的型号数；D_{ij} 表示第 i 种设备第 j 种型号的实际除雪效率；Y_{k} 表示除雪作业人员数量；L_{p} 除雪作业人员配备设备后的基本除雪效率；C 表示除雪成本；C_{ij} 表示第 i 种设备第 j 种型号的成本；C_{k} 表示单个作业人员成本；S_{D} 表示设备除雪面积；p_{ij} 表示第 i 种设备第 j 种型号的油耗；q_{ij} 表示第 i 种设备第 j 种型号的燃油价格；S_{L} 表示人工除雪面积；S_{Z} 表示总需求除雪面积。

6.5　优劣解距离法

优劣解距离法（TOPSIS 法）通过使用多个标准对一组备选方案进行排序和选择[7]，该方法根据评价指标与正理想解或负理想解的距离对评价对象进行排序，从而得到一组解的优劣顺序情况，其中最优解即最接近正理想解或最远离负理想解的方案。传统 TOPSIS 方法的计算步骤如下：

（1）对于 m 个备选方案和 n 个评价指标，构造标准化决策矩阵 $\boldsymbol{A} = (a_{ij})_{m \times n}$。

（2）对标准化决策矩阵进行归一化处理，处理方法如式（6-16）所示[8]。

$$r_{ij} = \frac{a_{ij}}{\sqrt{\sum\limits_{i=1}^{m} a_{ij}^2}} \tag{6-16}$$

式中，$i = 1, 2, \cdots, m; j = 1, 2, \cdots, n$。

（3）计算加权后的决策矩阵 $\boldsymbol{Z} = (z_{ij})_{m \times n}$，其中：

$$\boldsymbol{Z} = (z_{ij})_{m \times n} = (w_j r_{ij})_{m \times n} = \begin{bmatrix} w_1 r_{11} & w_2 r_{12} & \cdots & w_n r_{1n} \\ w_1 r_{21} & w_2 r_{22} & \cdots & w_n r_{2n} \\ \vdots & \vdots & \vdots & \vdots \\ w_1 r_{m1} & w_2 r_{m2} & \cdots & w_n r_{mn} \end{bmatrix} \tag{6-17}$$

（4）确定正、负理想解，定义如下：

$$\boldsymbol{Z}^+ = \{(\max Z_{ij} \mid j \in \boldsymbol{J}_1), (\min Z_{ij} \mid j \in \boldsymbol{J}_2), i = 1, 2, \cdots, m\} = \{z_1^+, z_2^+, \cdots, z_n^+\} \tag{6-18}$$

$$\boldsymbol{Z}^- = \{(\min Z_{ij} \mid j \in \boldsymbol{J}_1), (\max Z_{ij} \mid j \in \boldsymbol{J}_2), i = 1, 2, \cdots, m\} = \{z_1^-, z_2^-, \cdots, z_n^-\} \tag{6-19}$$

式中，$\boldsymbol{Z}^+$ 和 $\boldsymbol{Z}^-$ 分别是最优解和最劣解，$\boldsymbol{J}_1$ 和 $\boldsymbol{J}_2$ 分别是效益型和成本型指标集。

（5）利用欧几里得距离来计算各方案分离程度的值，计算方法如下：

$$D_i^+ = \sqrt{\sum_{j=1}^{2} (Z_{ij} - Z_j^+)^2} \tag{6-20}$$

$$D_i^- = \sqrt{\sum_{j=1}^{2} (Z_{ij} - Z_j^-)^2} \tag{6-21}$$

（6）用式（6-22）计算各方案的相对接近系数 R_m，$R_m \in [0,1]$，然后根据 R_m 值对所有备选方案进行排序。

$$R_m = \frac{z_x^-}{z_x^+ + z_x^-} \tag{6-22}$$

式中，$R_m \in [0,1]$；z_x^+ 越小，说明该方案与最优解的距离越小时，R_m 越大，方案越优；相反，z_x^- 越小，说明该方案与最劣解的距离越小，R_m 越小，方案越劣。

6.6　NSGA-Ⅱ算法概述

NSGA-Ⅱ算法是 NSGA 算法改进后的结果[9]，NSGA 算法是一种基于 Pareto

最优概念的遗传算法，可以解决多个目标的优化问题。NSGA算法是在基本遗传算法的基础上，对选择再生方法进行改进：将每个个体按照它们的支配与非支配关系进行分层，再做选择操作，从而使该算法在多目标优化方面得出非常令人满意的结果。NSGA-Ⅱ算法引入了快速排序、拥挤度比较和精英策略对NSGA算法进行了改进，其计算流程如图6-1所示。

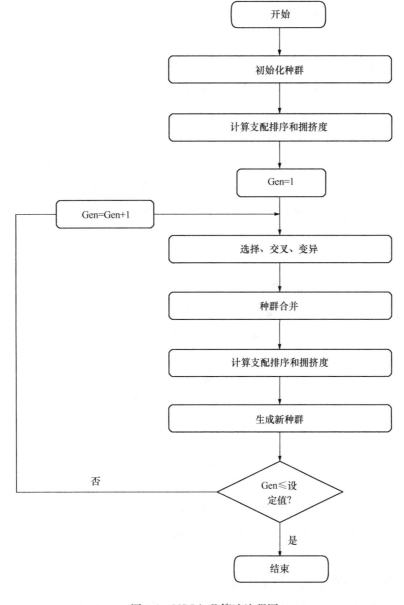

图6-1　NSGA-Ⅱ算法流程图

首先将种群中的每一个个体 i 用两个参数 n 和 Q 来描述。n 为种群中支配个体 i 的解个体数量，Q 为个体 i 所支配的个体的集合。算法的主要步骤为：

（1）遍历整个种群，找出所有不被任何个体支配的个体 i，即 $n＝0$ 的个体，将这些个体存放在第一个非支配集合 S_i 中。这些个体的特点是：每一个个体 i 对应的所有的目标函数中，至少有一个目标函数要优于所有的其他个体所对应的此目标函数。对于集合 S_i 中的每个个体都赋予相同的非支配序 i_{rank}。

（2）对于当前非支配集合 S_i 中每个个体 j，找出所有个体 j 所支配的个体，并将其存放在该个体对应的集合 Q_j 中。找出集合 Q_j 中除了被个体 j 支配外不再被任何其他个体支配的个体 t，将 t 的解个体数减 1，如果等于 0，则将个体 t 存放在另一个集合 S_j 中，并对 S_j 中的个体赋予相应的非支配序。

（3）将当前非支配集合 S_i 作为第一级非支配层，并将 S_j 作为新的当前非支配集合执行步骤（2）。

NSGA-Ⅱ算法引入拥挤度和拥挤度比较算子，其中拥挤度定义为种群中给定个体的周围个体的密度，如图 6-2 所示，个体 i 的拥挤度为该个体所在的非支配层中两个相邻的个体 $i-1$ 和 $i+1$ 在所有的目标函数维度上的距离之和。

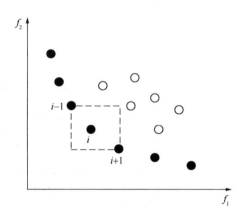

图 6-2　拥挤度示意图

以图 6-2 为例，对于目标函数 f_1 来说，$\Delta f_1 = f_1(i+1) - f_1(i-1)$；对于目标函数 f_2 来说，$\Delta f_2 = f_2(i-1) - f_2(i+1)$；那么个体 i 的拥挤度为 $i_a = \Delta f_1 + \Delta f_2$。

拥挤度算法的步骤为：

（1）每个个体的初始化拥挤度为 $i_a＝0$。

（2）对于同一个非支配层，按照每个目标函数的函数值进行排序。在如图 6-2

所示的二维坐标系中，个体从左到右按照目标函数 f_1 的函数值从小到大进行排序，从下到上按照目标函数 f_2 的函数值从小到大进行排序。令边界上的两个个体的拥挤度为无穷大，设该层的个体数量为 n。

（3）当 i 为 2 到 $n-1$ 时，对于一个目标函数个数为 m 的支配层来说，该层中的拥挤度为：

$$i_\mathrm{d} = i_\mathrm{d} + \sum_{j=1}^{m} |f_j(i+1) - f_j(i-1)| \tag{6-23}$$

6.7　优化与决策分析

选取某 4E 级机场为研究对象，该机场站坪设 87 个机位，其中 32 个近机位，有 2 条近距跑道，机场布置如图 6-3 所示，根据机场布置图确定设备除雪区域和人工除雪区域[10]。

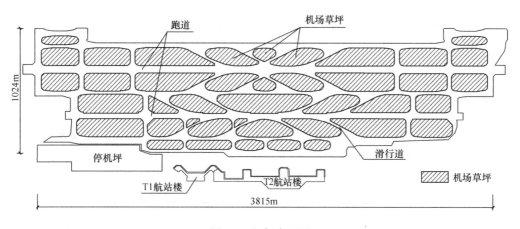

图 6-3　机场布置图

跑道、滑行道、联络道采用机械设备除雪；由于设备除雪对飞行器存在一定安全隐患，因此飞行器 5m 范围内采取人工除雪；由于航站楼边线外一定范围内设备冗杂，采取人工除雪；除雪面积共 145.1 万 m^2。

6.7.1　优化分析

设定 NSGA-Ⅱ算法交叉概率为 0.8，交叉分布指数为 20，变异概率为 0.05，变异分布指数为 20，种群数量为 50，迭代代数为 100，利用 MATLAB 编程求出 Pareto 前沿，如图 6-4 所示。

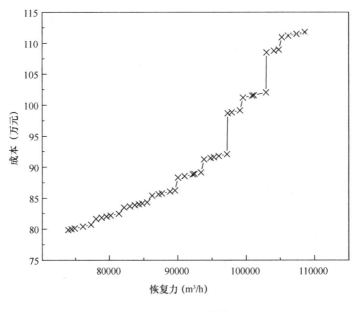

图 6-4 Pareto 前沿

算法得出的最优解集中排名前十的解如表 6-1 所示，其中 X_1、X_2、X_3 和 X_4 分别表示推雪车、吹雪车、抛雪车和除雪人员的数量。

最优解集中排名前十的解　　　　　　　　　　　　表 6-1

X_1	X_2	X_3	X_4	除雪恢复力 （m³/h）	成本 （万元）
7	4	4	60	73928	79.86
10	6	6	88	108600	111.80
10	5	6	88	102900	102.03
10	4	6	88	97200	92.07
10	5	5	73	97300	98.69
10	6	5	74	103120	108.52
10	4	4	88	89600	86.24
10	5	5	88	99100	99.14
10	6	5	88	104800	108.94
9	4	4	88	85496	84.32

由表 6-1 可知,由 NSGA-Ⅱ算法得出的最优解集中,最大除雪恢复力为 $108600\mathrm{m}^3/\mathrm{h}$,对应成本为 111.8 万元;最低除雪恢复力为 $73928\mathrm{m}^3/\mathrm{h}$,对应成本为 79.86 万元;推雪车、吹雪车、抛雪车和除雪人员的数量均有变化,除雪恢复力和成本变化幅度较大,难以综合除雪效率和经济成本直接得出最佳方案。

6.7.2　决策分析

除雪优化涉及恢复力和经济成本两个方面的因素,为分析得到除雪资源的最佳方案,需要对除雪恢复力和经济成本两个优化目标进行权重评估。权重综合考虑主观因素和客观因素影响,由于机场管理人员的主观因素影响,需要对两个优化目标重要性的大小进行主观评估,得到两个优化目标的主观权重。同时引入 C-OWA 算子计算两个指标的客观权重。C-OWA 算子是基于 OWA 算子提出的一种连续区间数据算子[11],通过对数据按顺序排列并进行加权处理,从而减小极值的影响,其中 OWA 算子定义如下:

设函数 $f: \mathrm{R}^n \to \mathrm{R}$,若 $f(a_1, a_2, \cdots, a_n) = \sum_{j=1}^{n} w_j b_j$;其中,$\boldsymbol{w} = (w_1, w_2, \cdots,$ $w_n)^{\mathrm{T}}$ 是 f 的加权向量,$w_j \in [0,1]$,$j = 1, 2, \cdots, n$,$\sum_{j=1}^{n} w_j = 1$;b_j 是数组 a_j 中第 j 个元素,并按从大到小顺序排列;称函数 f 为 OWA 算子。

OWA 算子适合用于离散型数据的集成,而 Yager 教授通过进一步研究提出了一种新的连续区间集成算子,即 C-OWA 算子[12],其定义如下:

设 $[a, b]$ 为区间数,且

$$f_{Q([a,b])} = \int_0^1 \frac{\mathrm{d}Q(y)}{\mathrm{d}y} [b - y(b - a)] \mathrm{d}y \tag{6-24}$$

式中,函数 Q 具有如下性质:$Q(0) = 1$,$Q(1) = 1$,若 $x > y$,则 $Q(x) > Q(y)$;函数 f 为连续区间数据 OWA 算子,即 C-OWA 算子。

通过组合客观权重和主观权重得到指标综合权重,并结合 TOPSIS 法决策得到机场除雪最佳方案,基于除雪恢复力和除雪成本的机场除雪多目标优化决策过程如下:

(1)邀请十位专家对除雪恢复力和除雪成本两个指标进行重要度打分,其中 1 分为不重要,2 分为一般,3 分为较重要,4 分为重要,5 分为很重要,指标重要度结果如表 6-2 所示。

两个指标的重要度打分 表 6-2

专家序号	恢复力指标	成本指标	专家序号	恢复力指标	成本指标
1	5	3	6	5	3
2	5	4	7	5	4
3	4	5	8	4	5
4	5	3	9	5	3
5	4	5	10	5	4

利用式（6-25）计算得到两个指标的主观权重，计算得到恢复力指标的主观权重为 0.5465，成本指标的主观权重为 0.4535。

$$\beta = \sum_{a=1}^{g} A_{an} / \sum_{a=1}^{g} \sum_{n=1}^{2} A_{an} \tag{6-25}$$

式中，β 为主观权重；A_{an} 为第 a 位专家对第 n 个指标的打分；g 为专家总数。

（2）Pareto 最优解集共有 s 个解，将 t 个目标函数作为评估指标，可得到指标矩阵 T：

$$T = T_{st} = \begin{bmatrix} 73928 & 79.86 \\ 108600 & 111.80 \\ 102900 & 102.03 \\ 97200 & 92.07 \\ 97300 & 98.69 \\ 103120 & 108.52 \\ 89600 & 86.24 \\ 99100 & 99.14 \\ 104800 & 108.94 \\ 85496 & 84.32 \end{bmatrix} \tag{6-26}$$

（3）引入 C-OWA 算子计算两个优化指标的客观权重，用式（6-27）计算加权向量。

$$\beta_m = C_{s-1}^{m-1} / \sum_{i=0}^{s-1} C_{s-1}^{i} = C_{s-1}^{m-1} / 2^{s-1} \tag{6-27}$$

式中，β_m 为第 m 个解的加权向量；C_{s-1}^m 为从 $s-1$ 个元素中任意抽取 m 个元素的组合数。计算结果如下：

$$\beta_1 = \frac{1}{2^9}, \beta_2 = \frac{9}{2^9}, \beta_3 = \frac{36}{2^9}, \beta_4 = \frac{84}{2^9}, \beta_5 = \frac{126}{2^9}, \beta_6 = \frac{126}{2^9}, \beta_7 = \frac{84}{2^9},$$

$$\beta_8 = \frac{36}{2^9}, \beta_9 = \frac{9}{2^9}, \beta_{10} = \frac{1}{2^9}$$

（4）用式（6-28）和式（6-29）计算 2 个指标的绝对权重值：

$$w'_n = \sum_{m=1}^{s} \beta_m g_{mn} \tag{6-28}$$

$$g_{mn} = \frac{T_{mn}}{T_{\max}} \tag{6-29}$$

式中，w'_n 为第 n 个指标的绝对权重值；g_{mn} 为指标矩阵第 m 行第 n 列元素的归一化值；T_{mn} 为指标矩阵第 m 行第 n 列元素；$T_{\max}$ 为 T_{mn} 所在列各元素的最大值。

通过上述计算公式可以得到各解的标准化处理结果和绝对权重值计算结果，如表 6-3 所示。

算法各解的标准化处理结果和绝对权重值　　　　　　　　　　　表 6-3

解的序号	标准化处理结果		绝对权重值	
	恢复力指标	成本指标	恢复力指标	成本指标
1	1.0000	1.0000	0.0020	0.0020
2	0.9650	0.9744	0.0170	0.0171
3	0.9495	0.9707	0.0668	0.0683
4	0.9475	0.9126	0.1555	0.1497
5	0.9125	0.8868	0.2246	0.2182
6	0.8959	0.8828	0.2205	0.2172
7	0.8950	0.8235	0.1468	0.1351
8	0.8250	0.7714	0.0580	0.0542
9	0.7873	0.7543	0.0138	0.0133
10	0.6807	0.7143	0.0013	0.0014

（5）利用式（6-30）计算两个优化指标的相对权重值：

$$w_i = \frac{w'_i}{\sum\limits_{i=1}^{t} w'_i} \tag{6-30}$$

式中，w'_i 为第 i 个指标的相对权重值，w_i 为客观权重值。

由式（6-30）计算出恢复力指标的客观权重为 0.5083，成本指标的客观权重为 0.4917。

（6）优化指标的综合权重计算公式如式（6-31）所示：

$$\varphi_i = \delta_1 w_i + \delta_2 \theta_i \tag{6-31}$$

式中，线性组合系数 δ_1 和 δ_2 取 0.5；φ_i 为第 i（$i=1,2$）个指标的综合权重；w_i 为第 i 个指标的客观权重；θ_i 为第 i 个指标的主观权重。

利用式（6-31）计算得到恢复力和成本两个优化指标的综合权重分别为 0.5274 和 0.4726。

（7）利用 TOPSIS 法将 Pareto 最优解集中排名前 10 的解进行排序。对指标矩阵的各个元素进行赋权，得到赋权矩阵 $\boldsymbol{S}$：

$$\boldsymbol{S} = \begin{bmatrix} S_{11} & S_{12} \\ S_{21} & S_{22} \\ \cdots & \cdots \\ S_{10,1} & S_{10,2} \end{bmatrix} \tag{6-32}$$

（8）确定最优和最劣解如式（6-33）和式（6-34）。将赋权矩阵中恢复力的最大元素作为最优解 X_n^+，最小元素作为最劣解 X_n^-；将赋权矩阵中成本的最小元素作为最优解 Y_n^+，最大元素作为最劣解 Y_n^-。

$$\begin{cases} X_n^+ = \max\{k_{11}, k_{21}, \cdots, k_{t1}\} \\ X_n^- = \min\{k_{11}, k_{21}, \cdots, k_{t1}\} \end{cases} \tag{6-33}$$

$$\begin{cases} Y_n^+ = \max\{k_{12}, k_{22}, \cdots, k_{t2}\} \\ Y_n^- = \min\{k_{12}, k_{22}, \cdots, k_{t2}\} \end{cases} \tag{6-34}$$

（9）计算欧氏距离。按式（6-35）和式（6-36）计算赋权矩阵中各元素与最优解和最劣解的距离 Z_X^+ 和 Z_X^-。

$$Z_X^+ = \sqrt{\sum_{n=1}^{2} (S_{mn} - X_n^+)^2} \tag{6-35}$$

$$Z_X^- = \sqrt{\sum_{n=1}^{2} (S_{mn} - X_n^-)^2} \qquad (6\text{-}36)$$

（10）采用式（6-37）计算得到 Pareto 最优解集中第 m 个解与最优水平的接近指数 R_m：

$$R_m = \frac{z_X^-}{z_X^+ + z_X^-} \qquad (6\text{-}37)$$

式中，$0 \leqslant R_m \leqslant 1$；$z_X^+$ 越小，即该方案与最优解的距离越小时，R_m 越大；相反，z_X^- 越小，该方案与最劣解的距离越小，R_m 越小。

对每个方案计算 R_m 评分，并按降序排序，即可得到解的排序，决策结果如表 6-4 所示。

Pareto 最优解集中排名前十的解排序表　　　　　　　　表 6-4

解的序号	赋权值		解的距离		R_m	排序
	恢复力指标	成本指标	最优解距离	最劣解距离		
1	0.3590	0.3376	0.1684	0.1350	0.4450	10
2	0.5274	0.4726	0.1350	0.1684	0.5550	6
3	0.4997	0.4313	0.0977	0.1466	0.6001	2
4	0.4720	0.3892	0.0757	0.1405	0.6498	1
5	0.4725	0.4172	0.0967	0.1263	0.5664	5
6	0.5008	0.4587	0.1240	0.1424	0.5345	8
7	0.4351	0.3646	0.0961	0.1321	0.5789	4
8	0.4813	0.4191	0.0936	0.1334	0.5876	3
9	0.5090	0.4605	0.1243	0.1504	0.5475	7
10	0.4152	0.3565	0.1138	0.1290	0.5314	9

由表 6-4 可知，TOPSIS 法得到结果排序为 1 方案接近指数 R_m 为 0.6498，以排序为 1 的方案作为除雪资源储备优化策略的最佳方案。将最优解集中的排序第 1 的方案（最佳方案）与排序第 10 的方案进行对比，结果如表 6-5 所示，其中方案排序见表 6-4。

最佳方案与其他方案的对比 表 6-5

方案排序	推雪车 X_1（辆）	吹雪车 X_2（辆）	抛雪车 X_3（辆）	人工 X_4（人）	恢复力 （m³/h）	成本 （万元）
10	7	4	4	60	73928	79.86
1	10	4	6	88	97200	92.07

由表 6-5 可知，最佳方案的推雪车、吹雪车、抛雪车和数量分别配置为 10 辆、4 辆、6 辆和 88 人时，除雪恢复力为 97200m³/h，相对于最优解集中排序中的第 10 方案而言，其恢复力增加了 31.5%，除雪成本为 92.07 万元，通过此方法可以获得机场基础设施除雪资源的最佳配置方案。

6.8 主观权重影响分析

除雪资源多目标优化分析需要确定除雪恢复力和除雪成本两个指标的综合权重，综合权重由主观权重和客观权重计算得到。为了研究主观权重对除雪资源配置数量的影响，得到不同情况下的最佳方案，改变除雪恢复力的主观权重分别为 0、0.2、0.4、0.6、0.8 和 1，并与算例进行对比分析。在除雪恢复力的主观权重变化的过程中，最佳方案不完全相同，最佳方案中各变量及目标函数值如图 6-5 所示。

主观权重对最佳方案影响结果如表 6-6 所示。

不同主观权重下的最佳方案 表 6-6

主观权重	推雪车 X_1（辆）	吹雪车 X_2（辆）	抛雪车 X_3（辆）	人工 X_4（人）	效率 （m³/h）	成本 （万元）
0	9	4	4	88	85496	84.32
0.2	10	4	4	88	89600	86.24
0.4	10	4	6	88	97200	92.07
0.6	10	4	6	88	97200	92.07
0.8	10	5	6	88	102900	102.03
1.0	10	6	6	88	108600	111.80

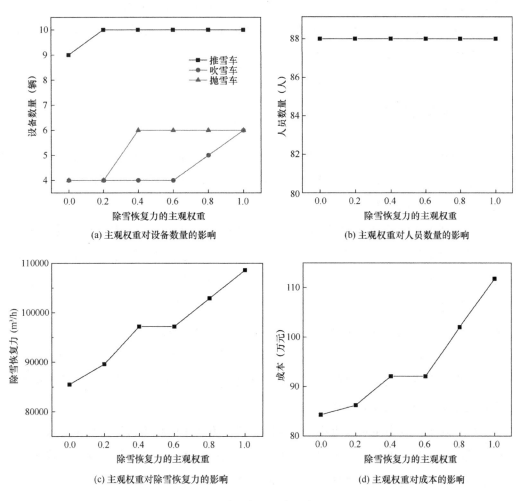

图 6-5　主观权重对各指标影响

由图 6-5（a）可知，当除雪恢复力的主观权重大于 0.2 时，最佳方案中推雪车的数量均为 10 辆；当除雪恢复力的主观权重大于 0.4 时，最佳方案中抛雪车的数量均为 6 辆；当除雪恢复力的主观权重小于 0.6 时，最佳方案中吹雪车的数量均为 4 辆；当除雪恢复力的主观权重在 0.4～0.6 之间时，最佳方案中三种除雪车的数量没有变化。

由图 6-5（b）可知，除雪恢复力的主观权重变化，不会使最佳方案中人员配置数量变化，各主观权重下，最佳方案的人员配置数量均为 88 人。

由图 6-5（c）可知，最佳方案的除雪恢复力与主观权重呈正相关关系，如主观权重为 0、0.2 和 0.4 时，对应的除雪恢复力分别为 85496m³/h、89600m³/h 和

97200m³/h；主观权重在 0.4～0.6 之间时，最佳方案除雪恢复力均为 97200m³/h。

由图 6-5(d) 可知，随着除雪恢复力主观权重的增加，最佳方案成本的变化趋势与除雪恢复力的变化趋势相同。

6.9 本章小结

为提升暴雪天气灾害下机场基础设施韧性恢复能力，优化机场除雪设备灾前储备策略，建立了机场除雪资源储备多目标优化模型，分析得到除雪资源储备的最优决策方案。主要结论如下：

(1) 利用 NSGA-Ⅱ算法求解基于恢复力和成本的机场除雪多目标优化模型，得出最优解集和 Pareto 前沿。在 Pareto 前沿中，最大除雪恢复力为 108600m³/h，对应成本为 111.8 万元；最低除雪恢复力为 73928m³/h；对应成本为 79.86 万元。

(2) 考虑机场管理人员的主观因素影响，引入 C-OWA 算子计算了除雪恢复力和除雪成本的客观权重，结合主观权重得出除雪恢复力和除雪成本的综合权重，除雪恢复力综合权重为 0.5274，除雪成本综合权重分别为 0.4726；通过 TOPSIS 法决策得出除雪资源储备的最佳方案，除雪恢复力为 97200m³/h，相对于最优解集中的其他方案而言，恢复力增加了 31.5%。

(3) 除雪恢复力主观权重小于 0.4 时，最佳方案中的除雪恢复力与主观权重呈正相关关系；除雪恢复力主观权重在 0.4～0.6 之间时，最佳方案一致。随着除雪恢复力主观权重的增大，最佳方案中的除雪恢复力增加。

参 考 文 献

[1] 陈长坤，何凡，赵冬月，等．基于系统机能曲线的城市道路公共交通系统韧性评估方法[J]．清华大学学报(自然科学版)，2022，62(6)：1016-1022．

[2] 中国民用航空局．民用机场运行安全管理规定(CCAR-140)[EB/OL]．(2007-12-17)[2024-06-30]．http：//www.caac.gov.cn/XXGK/XXGK/MHGZ/201511/t20151102_8441.html？COLLCC=2212045732&COLLCC=2178491300&．

[3] 中国民用航空局．民用运输机场航班保障专用设备配置指南(试行)(AC-139-CA-2015-01)[EB/OL]．(2015-11-09)[2024-06-30]．http：//www.caac.gov.cn/XXGK/XXGK/GFXWJ/201606/t20160601_37714.html

[4] 张宇．机场道面除冰雪装备群指派研究[D]．哈尔滨：哈尔滨工业大学，2020．

［5］　孙会航，李俐频，田禹，等．基于多目标优化与综合评价的海绵城市规划设计［J］．环
　　　境科学学报，2020，40(10)：3605-3614.

［6］　李明峰，王胜正，谢宗轩．恶劣气象海况下船舶航线的多变量多目标优化建模［J］．中
　　　国航海，2020，43(2)：14-19＋30.

［7］　HWANG C L，YOON K. Multiple Atribute Decision Making［M］．Berlin Heidelberg，
　　　New York：Springer Verlag，1981.

［8］　SHIH H S，SHYUR H J，LEE E S. An extension of TOPSIS for group decision making
　　　［J］．Mathematical & Computer Modelling，2007，45：801-813.

［9］　DEB K，PRATAP A，AGARWAL S，et al. A fast and elitist multi-objective genetic al-
　　　gorithm：NSGA-Ⅱ［J］．IEEE Transactions on Evolutionary Computation，2002，6(2)：
　　　182-197.

［10］　徐平．暴雪天气下机场基础设施系统韧性恢复策略研究［D］．天津：中国民航大
　　　学，2024.

［11］　YAGER R R. On ordered weighted averaging aggregation operators in multicriteria de-
　　　cision making［J］．IEEE Transactions on Systems，Man and Cybernetics，1988，18
　　　(1)：183-190.

［12］　YAGER R R. OWA aggregation over a continuous interval argument with applications
　　　to decision making［J］．IEEE Transactions on Systems，Man and Cybernetics-Part B，
　　　2004，34(5)：1952-1963.

第 7 章
机场基础设施网络模型建立及特征分析

分析机场基础设施网络特性，开展节点服务效率重要度评估，识别网络中的关键机场节点，对保障机场运行安全、提升机场基础设施网络抗灾能力具有重要意义。本章针对我国机场基础设施开展网络现状分析，基于复杂网络分析理论，构建机场基础设施复杂网络，提出机场基础设施网络服务效率函数，对机场节点服务效率重要度进行评估，分析机场基础设施网络度及度分布、簇系数、连通指数等特性，并识别机场基础设施网络关键节点。

7.1　复杂网络理论

交通基础设施具有典型的网络特征，复杂网络理论作为研究复杂网络系统的有力工具，能够借助图论和统计物理的方法揭示复杂系统中的特定规律、演化机制及系统性能等。

7.1.1　复杂网络概念

复杂网络是以数学、统计物理学、计算机科学等科学为分析工具，描述自然科学、社会科学、管理科学和工程技术等领域的相互关联的复杂模型，是 21 世纪发展较快的一门交叉学科[1]。虽然针对复杂网络的研究由众多学者从不同角度开展，但大多数学者普遍认为，具有比规则网络和随机网络更加复杂的统计特征的网络均可称为复杂网络。

7.1.2　复杂网络特征指标

复杂网络特征指标是用于描述复杂网络的结构特征，按照描述对象不同可分为网络全局指标和局部节点指标。其中，网络全局指标反映网络的可达性和连通性，局部节点指标反映节点的中心性和重要性。

1. 网络全局指标

（1）网络拓扑效率

网络拓扑效率可表示为网络中所有节点对效率的平均值[2]，其中节点对效率反映从一个节点到达另一个节点的难易程度，通常表示为节点间距离的倒数，用下式表示：

$$R(G) = \frac{1}{N(N-1)} \sum_{i,j \in \mathbf{V}; i \neq j} \frac{1}{d_{ij}}$$
(7-1)

式中，$R(G)$ 表示网络模型 G 的拓扑效率；d_{ij} 表示节点 i、j 之间的最短路径；V 表示网络的节点集；N 表示网络中的节点数目。

（2）平均路径长度

平均路径长度可表示为网络中所有节点之间最短路径的平均值[3]，其中最短路径为两个节点连通路线的最少连边数，用下式表示：

$$L = \frac{1}{N(N-1)} \sum_{i,j \in \mathbf{V}; i \neq j} d_{ij} \tag{7-2}$$

式中，L 表示网络平均路径长度；d_{ij} 表示节点 i、j 之间的最短路径；V 表示网络的节点集；N 表示网络中的节点数目。

（3）网络直径

网络直径为网络中任意两节点之间最短路径的最大值[4]，用下式表示：

$$D = \max_{i,j \in \mathbf{V}; i \neq j} \{d_{ij}\} \tag{7-3}$$

式中，D 表示网络直径；d_{ij} 表示节点 i、j 之间的最短路径；V 表示网络的节点集。

（4）簇系数

簇系数（又称集聚系数）是用来衡量网络节点聚类情况的参数[3]。对于网络中的某个节点 i，它的簇系数 C_i 可表示为所有与其相邻节点之间连边的数目占可能的最大连边数目的比例；网络的簇系数 C 则定义为网络中所有节点簇系数的平均值，可用以下公式表示：

$$C = \frac{1}{N} \sum_{i=1}^{N} C_i = \frac{1}{N} \sum_{i=1}^{N} \frac{E_i}{k_i(k_i-1)/2} \tag{7-4}$$

式中，C 表示网络的簇系数；C_i 表示节点 i 的簇系数；k_i 表示与节点 i 有边相连的节点数量；E_i 表示节点 i 的 k_i 个邻节点集合中实际存在边的数量；N 表示网络中的节点数目。

（5）连通指数

连通指数用网络中实际存在的连线数量 LN 与网络中最多可能存在的连线总数之比[4]。对于无向网络，网络中最多可能存在的连线总数为 $N(N-1)/2$；而对于有向网络，网络中最多可能存在的连线总数为 $N(N-1)$。故无向网络和有向网络的连通指数可分别用下述公式表示：

$$M_n = \frac{LN}{N(N-1)/2} \tag{7-5}$$

$$M_y = \frac{LN}{N(N-1)} \tag{7-6}$$

式中，M_n 表示无向网络的连通指数；M_y 表示有向网络的连通指数；LN 表示网络中节点间实际存在的连线数量；N 表示网络中的节点数目。

2. 局部节点指标

（1）节点度及度中心性

网络中一个节点 i 所拥有的度 D_i 是该节点与其他节点相联系的边的数目[5]。节点度是描绘网络局部特征的基本参数，也是复杂网络中用于衡量节点重要性的最基础数据。

$$D_i = \sum_{i,j \in V, i \neq j} a_{ij} \tag{7-7}$$

$$a_{ij} = \begin{cases} 1, & \text{节点 } i \text{ 与 } j \text{ 之间有边} \\ 0, & \text{节点 } i \text{ 与 } j \text{ 之间无边} \end{cases} \tag{7-8}$$

式中，a_{ij} 为邻接矩阵内元素；V 为网络的节点集。

节点 i 的度中心性指节点的度值 D_i 与网络中节点的最大可能度值的比值[6]。节点的度中心性反映了该节点在网络中的中心程度，可用下式表示：

$$C_D(i) = \frac{D_i}{N-1} \tag{7-9}$$

式中，$C_D(i)$ 为节点 i 的度中心性；N 为网络中的节点数目。

（2）介数及介数中心性

节点 i 的介数可表示为通过该节点的最短路径数量与网络中所有节点对间最短路径数量的比值[7]，可用下式表示：

$$B_i = \sum_{i,j,k \in V} \frac{n_{jk}(i)}{n_{jk}} \tag{7-10}$$

式中，B_i 为节点 i 的介数；$n_{jk}(i)$ 为节点 j 和 k 之间经过节点 i 的最短路径数量；n_{jk} 为节点 j 和 k 之间最短路径的数量。

节点 i 的介数中心性可表示为节点 i 的归一化介数，用下式表示：

$$C_B(i) = \frac{2B_i}{(N-1)(N-2)} \tag{7-11}$$

式中，$C_B(i)$ 为节点 i 的介数中心性；B_i 为节点 i 的介数；N 为网络中的节点数目。

7.1.3　复杂网络模型

复杂网络包括规则网络、随机网络、小世界网络以及无标度网络 4 种典型模型，其构成特征各不相同。

1. 规则网络

规则网络是根据特定规则生成的拥有最简单特征的网络模型。当网络中的节点之间以特定的规律连接时，网络拓扑结构也会表现出相应的规律性。较为常见的规则网络包括全局耦合网络、最近邻近耦合网络和星形耦合网络三种，其网络结构特点如图 7-1 所示。

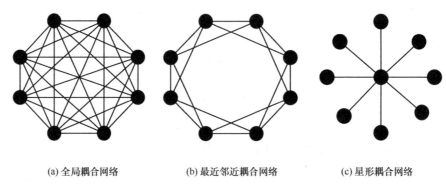

(a) 全局耦合网络   (b) 最近邻近耦合网络   (c) 星形耦合网络

图 7-1 规则网络模型示意图

(1) 全局耦合网络是网络中任意两个节点之间均存在连边的网络结构，对于节点数为 N 的全局耦合网络，其节点之间存在的连边总数为 $\dfrac{N(N-1)}{2}$，网络中任意一个节点的度值均为 $(N-1)$，整体网络平均路径长度和聚类系数均为 1。相较于最近邻近耦合网络和星形耦合网络这两种常见的规则网络模型，其网络结构更为稠密。由于生活中大多数网络都是稀疏网络，达不到全局耦合网络这一理想状态，因此全局耦合网络模型的实际应用具有较大的局限性。

(2) 最近邻近耦合网络是网络中的任意节点只与其邻近的 X 个节点之间存在连边的网络结构，对于节点数为 N 的最近邻近耦合网络，网络中任意一个节点的度值均为 X，整体网络平均路径长度和聚类系数均随着网络中节点数目的增加而变大。

(3) 星形耦合网络是网络中的一个中心节点与其他所有节点之间均存在连边的网络结构。对于节点数为 N 的星形耦合网络，中心节点的度值为 $(N-1)$，其他节点的度值均为 1。当网络中的节点数目 N 足够大时，整体网络的平均路径长度趋近于 2，整体网络的聚类系数趋近于 1。由于星形耦合网络的结构较为特殊，网络中节点间的连接方式与生活中的实际网络存在较大差异，因此星形耦合网络模型的实际应用亦具有较大的局限性。

2. 随机网络

随机网络是节点之间随机生成连边的网络模型，最经典的随机网络模型是 ER 模型[8]。相较于规则网络中的节点按照特定规则生成连边，随机网络的不同之处在于网络中的节点之间按照一定的概率进行随机连接。假设随机网络中有 N 个节点，任意两节点相连的概率为 p，当 $p=0$ 时，网络中的节点互不相连；当 $0<p<1$ 时，网络中的节点之间存在 $\dfrac{p \cdot N(N-1)}{2}$ 条连边；当 $p=1$ 时，网络中的任意两两节点相互连接，形成规则网络中经典的全局耦合网络结构，如图 7-2 所示。

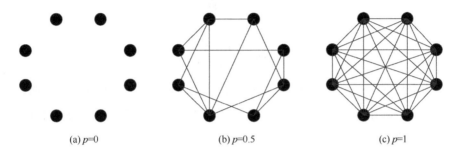

(a) $p=0$　　　　　(b) $p=0.5$　　　　　(c) $p=1$

图 7-2　随机网络模型示意图

研究表明，随机网络的基本网络特性如下：

（1）随机网络中的节点度服从泊松分布[9]，网络中多数节点的度值接近于网络节点平均度值，随机网络节点度分布函数 $p(D)$ 可用下式表示：

$$p(D) = \frac{\mathrm{e}^{-\overline{D}} \overline{D}^{D}}{D!} \tag{7-12}$$

式中，$\overline{D}$ 为随机网络中所有节点的平均度值。

（2）随机网络的平均路径长度随着网络中节点数目的增加呈现对数增长的趋势，随机网络的平均路径长度 S_{ER} 可用下式表示：

$$S_{\mathrm{ER}} = \frac{\ln(N)}{\ln(\overline{D})} \tag{7-13}$$

式中，N 为随机网络中的节点数目；$\overline{D}$ 为随机网络中所有节点的平均度值。

（3）随机网络中的簇系数随着网络中节点数目的增加呈现出减小的趋势，随机网络的簇系数 C 可近似表示为下式：

$$C_{\mathrm{ER}} \approx \frac{\overline{D}}{N} \tag{7-14}$$

式中，$\overline{D}$ 为随机网络中所有节点的平均度值；N 为随机网络中的节点数目。

3. 小世界网络

小世界网络是介于规则网络和随机网络之间的网络模型。根据不同的网络构造方法，可将小世界网络分为 WS 小世界网络模型[3]和 NW 小世界网络模型[10]两种。WS 小世界网络模型由网络中固定数目的节点和连边通过随机概率重新连接构造而成，而 NW 小世界网络模型由网络中固定数目的节点通过随机概率增加节点间的连边数目构造而成。相较于随机网络，小世界网络有着更高的集聚性 C_S 和更短的平均路径长度 S_S，如下式所示：

$$C_S > \frac{\overline{D}}{N} \tag{7-15}$$

$$S_S < \frac{\ln(N)}{\ln(\overline{D})} \tag{7-16}$$

在小世界网络中，大多数网络节点不在彼此的邻近位置，但是大部分网络节点可以通过较少的几步连边到达网络中其他任意的一个网络节点，更加符合社会和交通等实际网络的特征。

4. 无标度网络

无标度网络是网络中各节点的连接分布情况很不均衡的网络模型。在无标度网络中，节点之间具有显著的异质性，少数节点和网络中的大部分节点之间都存在连边，即网络中存在着少数度值较大的节点；而网络中的大多数节点仅存在少量的连边，即网络中存在的大多数节点的度值均较小。通俗地讲，网络由少数度值较大的节点控制，这些度值较大的节点大多数具有枢纽性质，这种节点连接情况的不均匀分布也是大部分现实网络的内在特性，现实中应用较为广泛的无标度网络模型是 BA 模型[11]，网络模型节点度分布函数 $p(D)$ 服从幂律分布，如下式所示：

$$p(D) = \alpha D^{-\beta} \tag{7-17}$$

式中，α 和 β 为幂律分布的回归系数。

在 BA 无标度网络中，逐个加入新的节点，整体网络结构会不断地复杂化，且新的节点会优先和拥有较高度值的节点相连；当节点数和边数达到预先设定的值之后，无标度网络即构造完成。

7.2　我国机场基础设施网络概况

《"十四五"民用航空发展规划》提出，要构建系统完备的现代化国家综合机场体系、便捷高效的航空运输网络体系、安全可靠的生产运行保障体系"三个体系"[12]。截至 2022 年底，我国境内民用运输机场（不含港澳台地区）共有 254 个，各省/自治区/直辖市机场数量及机场密度具体情况如表 7-1 所示。

2022 年各省/自治区/直辖市机场数量及机场密度（不含港澳台地区）　表 7-1

省/自治区/直辖市	机场数量（座）	机场密度（座/万 km²）	省/自治区/直辖市	机场数量（座）	机场密度（座/万 km²）
新疆	25	0.15	山西	7	0.45
内蒙古	19	0.16	青海	7	0.10
四川	16	0.33	西藏	7	0.57
云南	15	0.38	福建	6	0.48
黑龙江	13	0.27	安徽	6	0.43
贵州	11	0.62	河北	6	0.32
山东	10	0.63	吉林	6	0.32
广东	9	0.50	陕西	5	0.24
江苏	9	0.84	重庆	5	0.61
湖南	9	0.42	河南	4	0.24
甘肃	9	0.21	海南	4	1.13
辽宁	8	0.54	宁夏	3	0.45
广西	8	0.34	上海	2	3.17
湖北	8	0.43	北京	2	2.44
浙江	7	0.66	天津	1	0.84
江西	7	0.42			

　　根据自然资源部标准地图服务系统绘制的 2022 年我国各省/自治区/直辖市（不含港澳台地区）机场数量分布可知，全国范围内民用机场数量达到 10 个及以上的省份（含自治区、直辖市）总计 7 个，全国范围内民用机场数量为 5～9 个的省份（含自治区、直辖市）总计 18 个，全国范围内民用机场数量少于 5 个的省份（含自治区、直辖市）总计 6 个。新疆、内蒙古、四川、云南、黑龙江、贵州等省/自治区的城市较多，具有显著的地理优势，其地域广阔，具备建造机场的先天条件，且交通需求旺盛，所以机场数量排在全国前列。此外，对于上海、北京、天津，虽然其经济发展较好，GDP 等各项经济指标位于全国前列，但由于其城市区

域面积有限，且受到空域等种种因素限制，机场数量相对较少。

基于表 7-1 的统计数据绘制了 2022 年我国各省/自治区/直辖市机场密度图（不含港澳台地区），如图 7-3 所示。

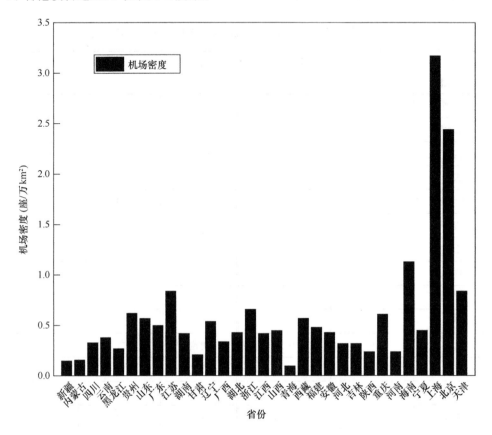

图 7-3　2022 年我国各省/自治区/直辖市机场密度图（不含港澳台地区）

由图 7-3 可知，西部地区省份的机场数量虽多，但由于其地域广阔，机场分布较为稀疏，密度（座/万 km²）均在 0.5 以下，如四川省和云南省的机场密度分别为 0.33 和 0.38；相比之下，东部地区机场密度指标相对较高，如上海市机场密度达到 3.17，为西部地区省份的数倍之多。

7.3　网络拓扑模型构建

依据我国航空交通体系规划，中国民用航空局确定了重点建设三大门户复合枢纽机场、八大区域性枢纽机场和十二大干线机场。其中，三大门户复合枢纽机场为

北京首都国际机场、广州白云国际机场、上海浦东国际机场；八大区域性枢纽机场
为重庆江北国际机场、成都双流国际机场、武汉天河国际机场、郑州新郑国际机
场、沈阳桃仙国际机场、西安咸阳国际机场、昆明长水国际机场、乌鲁木齐地窝堡
国际机场；十二大干线机场为深圳宝安国际机场、南京禄口国际机场、杭州萧山国
际机场、青岛流亭国际机场、大连周水子国际机场、长沙黄花国际机场、厦门高崎
国际机场、哈尔滨太平国际机场、南昌昌北国际机场、南宁吴圩国际机场、兰州中
川国际机场、呼和浩特白塔国际机场。基于上述航空交通体系规划和我国城市分类
以及城市机场间通航现状，选取了 14 个城市的 17 个枢纽或干线机场作为机场基础
设施网络的节点[13]，机场基础设施网络模型中的机场节点信息如表 7-2 所示。

机场网络模型节点信息汇总表　　　　　　　　表 7-2

城市	机场名称	三字代码	纬度（°）	经度（°）	机场等级
上海	上海虹桥	SHA	31.19779	121.33347	枢纽机场
	上海浦东	PVG	31.15183	121.79981	枢纽机场
北京	北京首都	PEK	40.07854	116.58710	枢纽机场
	北京大兴	PKX	39.50917	116.41056	枢纽机场
南京	南京禄口	NKG	31.73574	118.86652	干线机场
杭州	杭州萧山	HGH	30.23694	120.43236	干线机场
青岛	青岛胶东	TAO	36.31181	120.10142	干线机场
西安	西安咸阳	XIY	34.44115	108.75605	枢纽机场
郑州	郑州新郑	CGO	34.52752	113.84024	枢纽机场
宁波	宁波栎社	NGB	29.82042	121.46239	干线机场
天津	天津滨海	TSN	39.12827	117.35590	枢纽机场
长沙	长沙黄花	CSX	28.19334	113.21459	干线机场
广州	广州白云	CAN	23.38786	113.29734	枢纽机场
深圳	深圳宝安	SZX	22.63944	113.81084	干线机场
重庆	重庆江北	CKG	29.72034	106.63408	枢纽机场
成都	成都天府	TFU	30.34051	104.45472	枢纽机场
	成都双流	CTU	30.58114	103.95680	枢纽机场

令 $G=(V,E)$ 表示机场基础设施网络；V 为机场节点集，$V=\{1,2,\cdots,N\}$；E 为边集，$E=\{e_{ij},i\in V,j\in V,i\neq j\}$；$A=(a_{ij})_{N\times N}$ 表示邻接矩阵，机场节点 i 与机场节点 j 之间有相连的边即两机场互相通航，$a_{ij}=1$，否则 $a_{ij}=0$。

基于机场基础设施网络模型节点信息和通航现状，构建网络模型的邻接矩阵 $A=(a_{ij})_{N\times N}$，如表 7-3 所示。

机场基础设施网络模型邻接矩阵表   表 7-3

机场名称	上海虹桥	上海浦东	北京首都	北京大兴	南京禄口	杭州萧山	青岛胶东	西安咸阳	郑州新郑	宁波栎社	天津滨海	长沙黄花	广州白云	深圳宝安	重庆江北	成都天府	成都双流
上海虹桥	—	0	1	1	0	0	1	1	1	0	1	1	1	1	1	1	1
上海浦东	0	—	1	1	0	0	1	1	1	0	1	1	1	1	1	1	1
北京首都	1	1	—	0	1	1	1	1	1	0	1	1	1	1	1	1	1
北京大兴	1	1	0	—	1	1	1	1	1	1	1	1	1	1	1	1	1
南京禄口	0	0	1	1	—	0	1	1	0	0	0	1	1	1	1	1	1
杭州萧山	0	0	1	1	0	—	1	1	1	0	1	1	1	1	1	1	1
青岛胶东	1	1	1	1	1	1	—	1	1	1	1	0	1	1	1	1	1
西安咸阳	1	1	1	1	1	1	1	—	0	1	1	1	1	1	1	0	1
郑州新郑	1	1	1	0	0	1	1	0	—	1	0	0	1	1	1	1	1
宁波栎社	0	0	1	1	0	0	1	1	1	—	1	1	1	1	1	1	1
天津滨海	1	1	0	0	0	1	1	0	1	1	—	1	1	1	1	1	1
长沙黄花	1	1	1	1	1	1	1	0	1	1	1	—	1	1	1	1	1
广州白云	1	1	1	1	1	1	1	1	1	1	1	1	—	0	1	1	1
深圳宝安	1	1	1	1	1	1	1	1	1	1	1	1	0	—	1	1	1
重庆江北	1	1	1	1	1	1	1	1	1	1	1	1	1	1	—	0	0
成都天府	1	1	1	1	1	1	1	0	1	1	1	1	1	0	1	—	0
成都双流	1	1	1	1	1	1	1	1	1	1	1	1	1	1	0	0	—

将表 7-3 所列的机场基础设施网络模型邻接矩阵表导入社会网络分析软件 UCINET，使用 NETDRAW 绘制出机场基础设施网络模型节点连通图，如图 7-4 所示，图中节点示意区域大小反映了节点度值的大小。

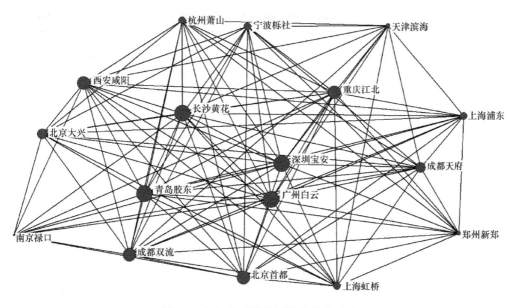

图 7-4　机场基础设施网络节点连通图

7.4　复杂网络特征指标

7.4.1　度及度分布

网络中一个节点 i 所拥有的度 D_i 是该节点与其他节点相联系的边的数目，如式（7-18）所示。度是描述网络局部特征的基本参数，也是复杂网络中用于衡量节点重要性的最基础数据。根据式（7-18）计算得到机场基础设施网络模型的节点度值及中心性指标如表 7-4 所示，绝对接近中心度是指其中某个节点与图中所有其他点的最短距离之和的倒数，相对接近中心度是绝对中心度的标准化处理。

$$D_i = \sum_{j \in \mathbf{V}, i \neq j} a_{ij} \tag{7-18}$$

$$a_{ij} = \begin{cases} 1, \text{节点 } i \text{ 与 } j \text{ 之间有边} \\ 0, \text{节点 } i \text{ 与 } j \text{ 之间无边} \end{cases} \tag{7-19}$$

式中，D_i 为网络节点 i 的度；i 和 j 分别为网络的节点；a_{ij} 为邻接矩阵内元素；$\mathbf{V}$ 为网络模型机场节点集。

机场基础设施网络模型节点度值　　　　　　　表 7-4

机场名称	度	度中心性	绝对接近中心度	相对接近中心度
上海虹桥	12	0.750	14850	873.529
上海浦东	12	0.750	15180	892.941
北京首都	14	0.875	18060	1062.352
北京大兴	13	0.813	16520	971.764
南京禄口	10	0.625	10810	635.882
杭州萧山	12	0.750	14540	855.294
青岛胶东	15	0.938	16410	965.294
西安咸阳	14	0.875	15570	915.882
郑州新郑	11	0.688	9940	584.705
宁波栎社	12	0.750	13360	785.882
天津滨海	11	0.688	13800	811.764
长沙黄花	15	0.938	14330	842.941
广州白云	15	0.938	21120	1242.352
深圳宝安	15	0.938	22060	1297.647
重庆江北	14	0.875	17780	1045.882
成都天府	13	0.813	19740	1161.176
成都双流	14	0.875	20870	1227.647

　　网络中的各个节点并不都具有相同的度。各节点的度可以用分布函数 $p(D)$（度分布函数）来描述。度分布函数反映了网络系统的宏观统计特征，可以体现整个网络的度分布情况，其实质是不同度节点的数量在网络中所占比重，也可以表示节点之间的联系程度。机场网络模型节点度分布及拟合函数分别如图 7-5 和 7-6 所示。

　　由图 7-5 和图 7-6 可知，机场基础设施网络模型中节点度分布在 10～15 之间，多为高可达性节点；机场基础设施网络模型的节点度分布函数为 $p(D) = 0.0005X^{2.2896}$，相关系数 $R^2 = 0.5589$ 不符合幂律分布，即不具有无标度网络特征，这主要是由于机场基础设施网络模型中的机场节点均为一线城市的枢纽或干线机场，其节点度分布较为集中。

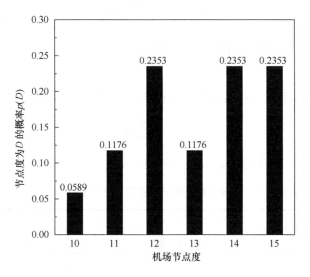

图 7-5　机场网络节点度分布

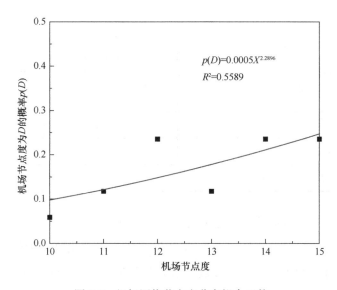

图 7-6　机场网络节点度分布拟合函数

7.4.2　簇系数

簇系数是用来衡量网络节点聚类情况的参数。某个节点 i 的簇系数 C_i 可定义为与所有与其相邻节点之间连边的数目占可能的最大连边数目的比例，如式（7-20）所示。机场基础设施网络模型各节点的簇系数如表 7-5 所示。

$$C_i = \frac{E_i}{k_i(k_i-1)/2} \qquad (7\text{-}20)$$

式中，k_i表示与节点i有边相连的节点数量；E_i表示节点i的k_i个邻节点集合中实际存在边的数量。

网络的簇系数定义为网络中所有节点簇系数的平均值，如下式所示：

$$C = \frac{1}{N}\sum_{i=1}^{N}C_i \qquad (7\text{-}21)$$

式中，C_i表示节点i的簇系数；N表示网络模型中的节点数目。

机场基础设施网络模型节点簇系数　　　　表 7-5

序号	机场名称	簇系数	最大连边数目	序号	机场名称	簇系数	最大连边数目
1	南京禄口	0.867	45	10	宁波栎社	0.803	66
2	郑州新郑	0.8187	55	11	北京首都	0.802	91
3	西安咸阳	0.8137	91	12	天津滨海	0.800	55
4	青岛胶东	0.8097	105	13	广州白云	0.771	105
5	长沙黄花	0.810	105	14	深圳宝安	0.771	105
6	北京大兴	0.808	78	15	重庆江北	0.769	91
7	上海虹桥	0.803	66	16	成都双流	0.769	91
8	上海浦东	0.803	66	17	成都天府	0.743	78
9	杭州萧山	0.803	66				

由表7-5可知，机场基础设施中机场节点的簇系数在$0.74\sim0.86$之间，机场基础设施网络模型的簇系数为0.80，整体网络模型表现出高集聚性，具有小世界网络特性。在小世界网络中，大多数网络节点不在彼此的邻近位置，但是大部分网络节点可以通过较少的几步连边到达网络中其他任意的一个网络节点。

7.4.3 连通指数

连通指数用网络中实际存在的连线数量 LN 与网络中最多可能存在的连线总数之比表示。本研究构建的机场基础设施网络模型为有向网络，其最多可能存在的连线数恰恰等于网络中的总对数，故机场基础设施网络连通指数可用式（7-22）表示：

$$M = \frac{\text{LN}}{N(N-1)} \tag{7-22}$$

式中，LN 表示网络中节点间实际存在的连线数量；N 表示网络模型中的节点数目。

由表 7-3 可知，本研究构建的机场网络模型中实际存在的连线数量为 222 条，网络模型中最多可能存在的连线总数为 272 条，可以得到机场基础设施网络模型的连通指数为 0.82。

7.5　节点服务效率重要度评估

通过飞常准、FlightAware 等平台梳理统计网络模型中各个机场节点之间多架次航班飞行距离，取其均值作为两机场节点间的航线距离 d_{ij}，如表 7-6 所示。

机场网络节点间航线距离（单位：km）　　　　　　　　表 7-6

机场名称	上海虹桥	上海浦东	北京首都	北京大兴	南京禄口	杭州萧山	青岛胶东	西安咸阳	郑州新郑	宁波栎社	天津滨海	长沙黄花	广州白云	深圳宝安	重庆江北	成都天府	成都双流
上海虹桥	—	0	1150	1080	0	0	620	1350	920	0	1000	950	1360	1370	1490	1770	1790
上海浦东	0	—	1160	1090	0	0	630	1370	960	0	1020	1010	1400	1350	1550	1810	1830
北京首都	1150	1160	—	0	960	1250	580	950	740	1250	0	1370	1930	2030	1500	1590	1600
北京大兴	1080	1090	0	—	900	1190	520	900	0	1210	0	1300	1860	1970	1410	1540	1550
南京禄口	0	0	960	900	—	0	540	1030	0	0	1080	760	1200	1250	1200	1460	1510
杭州萧山	0	0	1250	1190	0	—	830	1290	860	0	1080	750	1210	1150	1480	1700	1750
青岛胶东	620	630	580	520	540	830	—	1100	740	790	0	1270	1900	2030	1540	1650	1670
西安咸阳	1350	1370	950	900	1030	1290	1100	—	0	1490	980	840	1450	1550	600	0	670
郑州新郑	920	960	740	0	0	860	740	0	—	0	0	0	1290	1390	910	1050	1080
宁波栎社	0	0	1250	1210	0	0	790	1490	0	—	0	860	1180	1230	1570	1860	1920
天津滨海	1000	1020	0	0	1080	0	980	0	0	0	—	1300	1850	1950	1440	1580	1600
长沙黄花	950	1010	1370	1300	760	750	1270	840	0	860	1300	—	570	670	700	970	1010
广州白云	1360	1400	1930	1860	1200	1210	1900	1450	1290	1180	1850	570	—	0	1160	1360	1400
深圳宝安	1370	1350	2030	1970	1250	1150	2030	1550	1390	1230	1950	670	0	—	1230	1400	1490
重庆江北	1490	1550	1500	1410	1200	1480	1540	600	910	1570	1440	700	1160	1230	—	0	0
成都天府	1770	1810	1590	1540	1460	1700	1650	0	1050	1860	1580	970	1360	1400	0	—	0
成都双流	1790	1830	1600	1550	1510	1750	1670	670	1080	1920	1600	1010	1400	1490	0	0	—

7.5.1 节点服务效率重要度

网络拓扑效率表示为网络中所有节点对效率的平均值，其中节点对效率反映从一个节点到达另一个节点的难易程度，通常表示为节点间距离的倒数[14]。令 $R(G)$ 表示网络模型 G 的拓扑效率，可用公式表示为：

$$R(G) = \frac{1}{N(N-1)} \sum_{i \neq j} \frac{1}{d_{ij}} \tag{7-23}$$

式中，d_{ij} 表示机场节点 i、j 之间的航线距离；N 表示网络模型中的节点数目。

基于式（7-23）网络模型的拓扑效率函数，引入机场节点 i 和 j 之间单位时间内的航班数量 f_{ij} 和载客量 β_{ij}，定义节点 i 和 j 之间的服务效率函数[13]，可用公式表示为：

$$R_{s,ij} = \frac{\omega_{ij}}{d_{ij}} = \frac{\beta_{ij} \cdot f_{ij}}{d_{ij}} \tag{7-24}$$

式中，ω_{ij} 表示机场节点 i 和 j 之间单位时间内的流量数据。

将机场节点 i 和 j 之间的服务效率函数表示为网络模型中所有节点对服务效率的平均值，则机场基础设施网络服务效率 $R_S(G)$ 表示为：

$$R_S(G) = \frac{1}{N(N-1)} \sum_{i,j \in V; i \neq j} \frac{\beta_{ij} \cdot f_{ij}}{d_{ij}} \tag{7-25}$$

式中，N 表示网络模型中的节点数目；V 表示网络模型机场节点集；β_{ij} 和 f_{ij} 分别表示机场节点 i 和 j 之间单位时间内的载客量和航班数量。

为便于数据处理分析，对机场基础设施网络服务效率 $R_S(G)$ 进行归一化处理，得到归一化后的网络服务效率 $R_{NS}(G)$，用公式表示为：

$$R_{NS}(G) = \frac{R_S(G)}{\max\limits_{i \neq j} R_{s,ij}} \tag{7-26}$$

式中，$\max\limits_{i \neq j} R_{s,ij}$ 表示网络模型中节点对的服务效率最大值。

基于式（7-26）的网络服务效率函数，定义机场节点 i 的服务效率重要度指标 K_i，其反映了节点失效前后整体网络服务效率的相对变化，用公式表示为：

$$K_i = \frac{R_{NS}(G) - R_{NS,i}(G)}{R_{NS}(G)} \tag{7-27}$$

式中，$R_{NS,i}(G)$ 为机场节点 i 失效后网络的服务效率。

通过 OAG 平台梳理统计了 2023 年 7 月 24 日—2023 年 7 月 30 日一周的机场网络模型中机场节点间的航班数据，包括机场节点间的航班架次以及载客量，整理得到各机场节点的 OD 数据如表 7-7 所列，其中 O 表示起点（Origin），D 表示终点（Destination）。

机场网络节点 OD 数据　　　　　　　　　　　　　表 7-7

机场节点	O	D	流量
上海虹桥 SHA	91812	91596	183408
上海浦东 PVG	42226	39481	81707
北京首都 PEK	127805	123568	251373
北京大兴 PKX	67271	70381	137652
南京禄口 NKG	39586	36925	76511
杭州萧山 HGH	81077	74682	155759
青岛胶东 TAO	32141	33335	65476
西安咸阳 XIY	52614	52288	104902
郑州新郑 CGO	25025	25002	50027
宁波栎社 NGB	25268	23178	48446
天津滨海 TSN	34663	34155	68818
长沙黄花 CSX	40089	39899	79988
广州白云 CAN	131702	135657	267359
深圳宝安 SZX	112395	109381	221776
重庆江北 CKG	74002	84562	126559
成都天府 TFU	52557	52226	104783
成都双流 CTU	66634	70551	137185

假设网络模型中的机场节点依次失效，即该失效机场节点与网络模型中其他节点均断开，OD 数据归 0 处理，计算网络模型中去除该失效机场节点后的节点对服务效率累加值和整体网络服务效率值，得到每个机场节点失效前后整体网络服务效率的相对变化情况，即机场节点服务效率重要度指标，具体信息如表 7-8 所示。

机场网络模型节点服务效率重要度　　　　　　　　表 7-8

机场失效	$R_{S,ij}$ 累加	$R_{S,i}$ (G)	$\max R_{S,ij}$	$R_{NS,i}$ (G)	K_i
CAN 失效	1337029.39	4915.54	114602.40	0.0428	0.2483
CGO 失效	1684489.03	6192.97	114602.40	0.0540	0.0530

续表

机场失效	$R_{S,ij}$ 累加	$R_{S,i}$（G）	$\max R_{S,ij}$	$R_{NS,i}$（G）	K_i
CKG 失效	1538350.62	5655.70	114602.40	0.0493	0.1351
CSX 失效	1621535.94	5961.52	114602.40	0.0520	0.0884
CTU 失效	1593199.06	5857.34	114602.40	0.0511	0.1043
HGH 失效	1463290.30	5379.74	114602.40	0.0469	0.1773
NGB 失效	1708344.63	6280.67	114602.40	0.0548	0.0396
NKG 失效	1653440.54	6078.82	114602.40	0.0530	0.0704
PEK 失效	1408342.38	5177.72	114602.40	0.0451	0.2082
PKX 失效	1572915.73	5782.77	114602.40	0.0504	0.1157
PVG 失效	1654288.49	6081.94	114602.40	0.0530	0.0700
SHA 失效	1476945.43	5429.94	114602.40	0.0473	0.1697
SZX 失效	1463005.85	5378.69	114602.40	0.0469	0.1775
TAO 失效	1625955.02	5977.77	114602.40	0.0521	0.0859
TFU 失效	1634953.36	6010.85	114602.40	0.0524	0.0808
TSN 失效	1669315.09	6137.18	114602.40	0.0535	0.0615
XIY 失效	1592644.72	5855.31	114602.40	0.0510	0.1046

由表 7-8 可知，广州白云机场（CAN）基础设施功能失效后对整体网络服务效率的影响最大，其次是北京首都机场（PEK）及深圳宝安机场（SZX）。

7.5.2 关键节点识别

节点服务效率重要度指标反映了单个节点失效场景下整体网络服务效率的相对变化情况，单个机场节点失效场景下的网络服务效率变化趋势如图 7-7 所示，机场节点的服务效率重要度指标分布状况如图 7-8 所示。

由图 7-7 和图 7-8 可知，网络模型中对整体网络服务效率影响较大的五个关键机场节点分别是广州白云 CAN、北京首都 PEK、深圳宝安 SZX、杭州萧山 HGH 和上海虹桥 SHA。

基于网络模型复杂特征指标分及机场节点服务效率重要度指标，得到不同指标下的机场节点重要性排序，如表 7-9 所示。

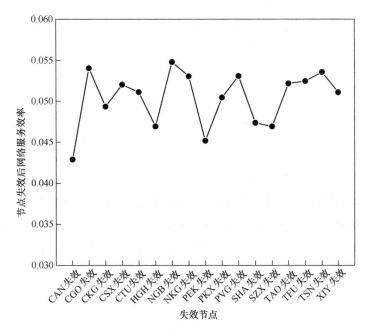

图 7-7　单个机场节点失效后网络服务效率变化

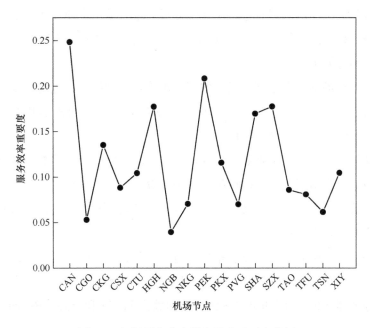

图 7-8　机场网络节点服务效率重要度指标

不同指标下的节点重要性排序表　　　　　表 7-9

排序	点度中心性	接近中心性	簇系数	OD 流量	服务效率重要度
1	TAO	SZX	NKG	CAN	CAN
2	CSX	CAN	CGO	PEK	PEK
3	CAN	CTU	XIY	SZX	SZX
4	SZX	TFU	TAO	SHA	HGH
5	PEK	PEK	CSX	HGH	SHA

由表 7-9 可知，点度中心性排序中，机场节点的度值越大，即机场节点与网络中的其他节点的连接边越多，排序就越靠前；簇系数反映了该机场节点与邻近节点集合的集聚情况，集聚越紧密，排序越靠前；客流量排序中，机场节点的 OD 流量越大，排序越靠前。由于各个指标的考量角度不同，得到的节点重要性排序也就有所差异，因此在单一指标下进行节点重要性排序时很可能无法得到最优值。

7.6　本章小结

本章对我国机场网络现状进行了详细分析，基于航空交通体系规划、城市等级分类以及城市机场间通航现状，选取 17 个机场节点构建了机场基础设施网络拓扑模型。主要结论如下：

（1）基于机场基础设施网络模型的邻接矩阵，对网络模型进行了复杂网络特性分析，网络系统簇系数为 0.80、连通指数为 0.82，结果表明机场基础设施网络模型具有高集聚性和小世界网络特性。

（2）基于网络拓扑效率函数，引入机场节点间单位时间内的航班数量、载客量以及航线距离，提出了机场基础设施网络服务效率函数，根据机场节点失效前后整体网络服务效率的相对变化定义了机场节点的服务效率重要度指标，从而实现了机场基础设施网络效率分析。

（3）基于节点服务效率重要度指标，进行了网络中关键节点识别。结果表明，网络模型中对整体网络服务效率影响较大的五个关键机场节点分别为广州白云 CAN、北京首都 PEK、深圳宝安 SZX、杭州萧山 HGH 和上海虹桥 SHA。

参 考 文 献

[1]　孙玺菁，司守奎．复杂网络算法与应用[M]．北京：国防工业出版社，2015.

［2］　LATORA V，MARCHIORI M. Efficient Behavior of Small-World Networks［J］. Physical Review Letters，2001，87(19)：198701.

［3］　WATTS D J，STROGATZ S H. Collective dynamics of"small-world"networks［J］. Nature，1998，393：440-442.

［4］　CATS O. Topological evolution of a metropolitan rail transport network：The case of Stockholm［J］. Journal of Transport Geography，2017，62(1)：173-183.

［5］　YANG Z J，CHEN X L. Evolution assessment of Shanghai Urban Rail Transit Network ［J］. Physica，A. Statistical mechanics and its applications，2018，503：1263-1274.

［6］　常树春，张启义，王文涛. 交通网络的中心性分析［J］. 军事交通学院学报，2011，13(1)：4-7.

［7］　FREEMAN L C. A Set of Measures of Centrality Based on Betweenness［J］. Sociometry，1977，40(1)：35-41.

［8］　ERDÖS P，RÉNYI A. On the evolution of random graphs［J］. Publication of the Mathematical Institute of the Hungarian Academy of Sciences，1960，5：17-61.

［9］　ALBERT R，BARABASI A L. Statistical mechanics of complex networks［J］. Reviews of Modern Physics，2002，74(1)：47-97.

［10］　NEWMAN M E J，WATTS D J. Renormalization Group Analysis of the Small-World Network Model［J］. Physics Letters A，1999，263(4)：341-346.

［11］　郭世泽，陆哲明. 复杂网络基础理论［M］. 北京：科学出版社，2012.

［12］　中国民用航空局. "十四五"民用航空发展规划［EB/OL］. (2022-01-07)［2023-03-24］. http：//www. caac. gov. cn/XXGK/XXGK/FZGH/202201/t20220107 _ 210798. html.

［13］　杨立志. 暴雨灾害下机场基础设施网络抗灾韧性研究［D］. 天津：中国民航大学，2024.

［14］　吕彪，管心怡，高自强. 地铁网络服务韧性评估与最优恢复策略［J］. 交通运输系统工程与信息，2021，21(5)：198-205.

第 8 章
机场基础设施网络韧性恢复策略分析

航空运输是现代交通运输的重要组成部分，以机场（节点）和航线（边）构建的网络是其提供运输服务的空间载体，随着机场节点的失效，其网络服务效率会直线下降，甚至崩溃。为保障机场网络的安全、高效运行，需对失效机场节点进行恢复，因此需要构建机场网络韧性恢复模型，基于机场网络韧性目标函数求解最优恢复策略。本章以暴雨天气灾害为场景，识别网络模型中易受暴雨侵袭的关键机场节点和区域，分别考虑关键节点失效、关键区域机场节点失效以及多区域机场节点失效情景，基于网络韧性恢复模型，开展机场基础设施网络韧性的最优恢复策略分析，研究节点度、重要度和网络韧性三种恢复策略下失效机场节点的优化恢复次序，为天气灾害下机场韧性恢复提供分析决策。

8.1　网络韧性恢复概念

基于机场基础设施网络点对点双向运行的特征，在构建机场网络拓扑模型时可将其视作无向网络图。由 17 个机场节点组成的机场基础设施网络的网络连通图如图 8-1（a）所示。当网络中存在失效机场时，机场基础设施网络的连通效率会有所改变。例如上海浦东和南京禄口两机场节点失效时，机场网络模型的机场节点数目由 17 个减少为 15 个，模型中其他机场节点与上海浦东和南京禄口机场节点间连接的边线被移除。上海浦东和南京禄口两机场节点失效后的网络连通图如图 8-1（b）所示。

由于机场节点之间的通航流量和航线距离存在差异，在机场关键节点失效或关键区域机场节点失效的情景下，确定失效机场节点的恢复时序，将对整个机场基础设施网络模型的服务效率恢复和机场基础设施网络模型的韧性评价至关重要。不同机场节点失效的情景下，机场基础设施网络服务效率变化如图 8-2 所示。

由图 8-2 可知，t_0 时刻，机场网络服务效率为初始值 $R_{NS}(t_0)$；t_1 时刻，暴雨等天气灾害导致机场节点失效，致使机场网络服务效率下降；t_2 时刻，网络中多个机场节点失效，致使机场网络服务效率下降到最低值 $R_{NS}(t_2)$；t_3 时刻，机场网络服务效率随着机场节点的修复恢复到初始值 $R_{NS}(t_0)$，$R_{NS}(t_1)$、$R_{NS}(t_2)$ 为不同恢复策略下的机场网络服务效率恢复曲线，定义点 A、B、C 与 $R_{NS}(t_1)$ 所围成灰色区域的面积为采用恢复策略 1 时机场网络整体性能损失，点 A、B、C 与 $R_{NS}(t_2)$ 所围成阴影区域的面积为采用恢复策略 2 时机场网络整体性能损失。

本研究将机场基础设施网络韧性定义为失效节点恢复阶段机场基础设施网络服

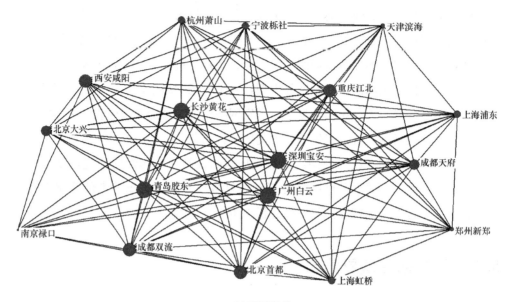

(a) 无机场失效

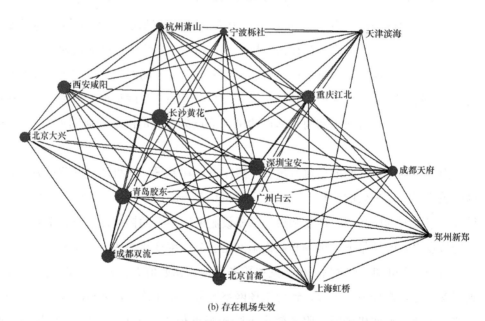

(b) 存在机场失效

图 8-1 考虑机场节点失效的网络连通图

务效率与机场节点正常运行下机场基础设施网络服务效率的比值，即：

$$\psi(f) = \frac{\int_{t_2}^{t_3} R_{NS}(t \mid f) dt}{(t_3 - t_2) R_{NS}(t_0)} \tag{8-1}$$

式中，$\psi(f)$ 为采用恢复策略 f 时的机场基础设施网络韧性；$R_{NS}(t \mid f)$ 为恢复策略 f

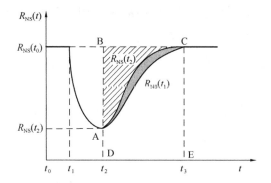

图 8-2　机场基础设施网络服务效率恢复

下 t 时刻的归一化机场基础设施网络服务效率；$R_{NS}(t_0)$ 为机场基础设施网络服务效率初始值；t_2 和 t_3 分别为恢复策略 f 的开始时刻和完成时刻。

设 t_2、t_3 时刻在图 8-2 中对应的点分别为 D、E。由图 8-2 可知，采用恢复策略 2 时，对应的机场基础设施网络韧性值为 AD、DE、EC 与曲线 R_{NS}（t）$_2$ 所围成的近似梯形区域的面积和矩形 BDEC 面积的比值。在同一个机场节点失效的情景下，每个失效机场节点的恢复时间由该失效机场的等级确定，故失效机场节点的恢复次序不影响整体机场网络的总恢复时间，但会影响机场基础设施网络服务效率恢复曲线的曲率，从而使不同恢复策略下的机场网络性能损失不等，即得到的机场基础设施网络韧性值不同。本章研究的机场基础设施网络恢复问题即为在多个机场节点失效的情景下，分别计算不同机场节点恢复次序所对应的机场网络韧性值，确定使机场基础设施网络韧性值达到最大的最优恢复策略。

8.2　网络韧性恢复模型

8.2.1　韧性恢复模型假设

为将机场基础设施网络恢复问题转化为数学分析模型，假设如下：

（1）在机场基础设施网络中出现节点失效前，机场基础设施网络服务效率维持在初始水平，扰动发生后迅速下降至最低水平，并在恢复阶段随着机场节点的恢复逐渐得到提高；

（2）当机场节点失效时，机场节点的运输功能丧失，无法正常起降航班，OD 流量归 0，即与网络中其他机场节点断开连接；

（3）在失效机场节点恢复期间，机场基础设施网络服务效率不发生变化，节点恢复完成机场，基础设施网络服务效率提高；

（4）机场节点的恢复工程为流水作业，待该机场节点恢复完成后，下一个机场节点开始进行恢复工程；

（5）不同等级的机场节点所需要的恢复时间不同，依据第7.3节确定的机场等级和规模，定义枢纽机场节点功能恢复天数 $t_s=2$，干线机场节点功能恢复天数 $t_g=2$；

（6）所有失效机场节点恢复完成后，机场基础设施网络服务效率能恢复到初始水平。

8.2.2 韧性恢复模型目标函数

网络服务效率能够从全局角度反映网络的连通性，因此，为度量不同恢复策略下的网络性能恢复状况，选取网络服务效率作为网络性能指标。传统的公路、地铁等交通网络研究在计算网络效率时采用各点之间的最短路径条数作为指标[1-3]，但对于机场基础设施网络中点对点运行的特殊运行方式，最短路径条数指标并不适用。由于机场网络中各节点间的距离差异很大，因此引入各机场节点间的实际航线距离计算网络服务效率。随着机场节点恢复工程的进行，机场网络中的节点数量随恢复时间变化，机场节点的 OD 流量恢复，网络服务效率随之变化。机场网络韧性为失效节点恢复阶段机场网络服务效率与机场节点正常运行时机场网络服务效率的比值，由式（7-25）和式（7-26）得到归一化的基础设施网络服务效率函数，如式（8-2）所示。根据不同恢复策略的网络服务效率恢复状况和对应损失的网络性能，确定机场网络最优恢复策略，定义机场基础设施网络韧性目标函数如式（8-3）所示。

$$R_{NS}(G) = \frac{R_S(G)}{\max\limits_{i \neq j} R_{s,ij}} = \frac{\dfrac{1}{N(N-1)} \sum\limits_{i,j \in V, i \neq j} \dfrac{\beta_{ij} \cdot f_{ij}}{d_{ij}}}{\max\limits_{i \neq j} R_{s,ij}} \tag{8-2}$$

$$\max \psi(f) = \frac{\int_{t_2}^{t_3} R_{NS}(t \mid f) \mathrm{d}t}{(t_3 - t_2) R_{NS}(t_0)} \tag{8-3}$$

式中，$R_S(G)$ 为机场网络服务效率；$\max\limits_{i \neq j} R_{s,ij}$ 表示网络模型中节点对的服务效率最大值；$R_{NS}(G)$ 为归一化的机场网络服务效率；N 表示网络模型中的节点数目；

$\max\psi(f)$ 表示恢复策略 f 下的机场网络最大韧性值。

8.2.3　韧性恢复模型约束条件

机场基础设施网络韧性恢复与机场节点受损情况、恢复持续时间及恢复资源等因素相关。为确定机场节点的合理恢复次序，提高机场网络抗灾能力，机场基础设施网络的功能恢复分析应考虑实际恢复资源受限的情况。根据失效机场节点信息及机场网络恢复过程中的实际问题，建立如下机场基础设施网络功能恢复的约束条件：

（1）恢复工程执行时间约束，即恢复工程须在干扰发生后至网络完全恢复前执行。

$$\text{s. t.}\ t_2 \leqslant t_i \leqslant t_3\ \forall\,i \in \boldsymbol{V} \tag{8-4}$$

式中，t_i 为机场节点 i 开始恢复的时刻；$\boldsymbol{V}$ 为机场节点集合。

（2）恢复策略 f 所用的时间，根据不同失效情景下机场基础设施网络需要恢复的机场节点确定。

$$T(f) = (t_s \cdot n_s + t_g \cdot n_g) \tag{8-5}$$

式中，$T(f)$ 为恢复策略 f 所用的总恢复时间；t_s 和 n_s 分别为枢纽机场节点功能恢复天数和失效节点中枢纽机场节点个数；t_g 和 n_g 分别为干线机场节点功能恢复天数和失效节点中干线机场节点个数。

（3）恢复过程中机场网络服务效率约束，即受损机场节点 i 恢复完成前网络服务效率不变，待该机场节点完全恢复之后网络性能才能得到提高。

$$R_S(T_{i-1}) = R_S(t_i) < R_S(T_i)\ \forall\,i \in \boldsymbol{V} \tag{8-6}$$

式中，$R_S(t)$ 为 t 时刻网络服务效率；T_i 为机场节点 i 功能恢复持续时间。

8.3　网络韧性恢复模型求解方法

随着暴雨等天气灾害作用下失效机场节点的增多，恢复方案将呈指数形式增长，即当有 n 个机场节点出现功能损失时（$n<N$），可供选择的机场网络的恢复策略有 $n!$ 种。可知当失效的机场节点数目达到 5 个及以上时，采用枚举法进行恢复策略对比排列将会十分繁琐，因此本研究利用遗传算法强大的并行计算能力、自适应能力和全局寻优能力，进行机场网络恢复模型求解。根据机场基础设

施网络恢复模型假设，在多个机场节点遭受暴雨灾害侵袭失效的情景下，机场节点的最优恢复问题类似于生产调度问题，即根据失效机场节点数量和恢复资源约束条件进行合理安排，确定失效机场节点的恢复次序，从而使机场网络韧性达到最大，进而为暴雨等恶劣天气作用下民航管理部门防灾减灾统筹决策提供参考依据。

8.3.1 遗传算法

遗传算法是一种模仿自然界中生物进化法则的随机搜索和优化算法[4]。20世纪70年代，John Holland教授依据生物遗传机制首次提出遗传算法，并以生物学中的进化学说为基础，逐渐形成理论体系[5]。

遗传算法不依赖于优化模型的领域背景，其提供的框架可以用于任意的离散、连续或混合的搜索空间中，对于任意非线性约束条件下的目标函数均可搜索全局最优解。与传统优化算法相比，遗传算法采用从初始种群的最优解开始的搜索模式，从全局角度出发，搜索范围覆盖种群中的所有个体，可以避免陷入局部最优。除此之外，该算法的并行化处理方式可实现同时对多个个体的评估搜索，提高了求解效率。目前，该算法已被广泛应用于电子信息、生产调度、交通系统及人工智能等领域[6-8]。

8.3.2 算法求解步骤

1. 编码方式

遗传算法需要通过编码操作将求解的问题表示成遗传空间的染色体或个体形式。实数编码、二进制编码是遗传算法常用的两种编码方法[9]。对于 n 个失效机场节点的恢复次序问题，采用实数编码方法，将染色体分为 n 段，其中每一段为对应失效机场的编号。假设有5个机场节点失效，机场节点编号分别为1、3、6、13、14，对其作映射处理为1、2、3、4、5，则（2—4—5—3—1）即为一个可行的染色体表达，用来描述失效机场节点的一种恢复次序方案，其表示失效机场节点编号的恢复顺序依次为3→13→14→6→1。算法的编码过程如图8-3所示。

2. 适应度函数

遗传算法中的适应度函数是根据目标函数确定的，用于判断群体中个体的优劣程度的指标[10-11]，本质是通过给定的实际问题背景的目标函数来对迭代过程中个体的优劣程度进行评估。个体即失效节点的一种恢复次序方案，群体即失效节点恢

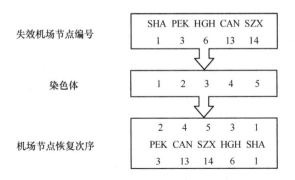

图 8-3　算法的编码过程

复次序方案的集合。本研究要解决的实际问题为在有限资源条件下以机场网络韧性
指标最大化为目标，求解机场基础设施网络的最优恢复策略，为此选择目标函数作
为适应度函数，适应度值即为机场基础设施网络韧性值。

3. 选择操作

选择操作指从失效机场节点恢复次序方案的集合中淘汰恢复效果差的恢复次序
方案，保留恢复效果好的恢复次序方案。选择操作是为了保留算法迭代过程中整个
群体的优良个体，其中个体被选中的概率与个体适应度函数的取值正相关。选择操
作采用轮盘赌法[12]，则恢复次序方案 k 被选择的概率为：

$$p_k = \frac{F_k}{\sum\limits_{i=1}^{N} F_i} \tag{8-7}$$

式中，p_k 为恢复次序方案 k 被选择的概率；N 为种群中的个体数目；F_k 为个体 k
的适应度值；$\sum\limits_{i=1}^{N} F_i$ 为失效机场节点恢复次序方案集合的总适应度值。

4. 交叉操作

交叉操作在遗传算法中起着较为核心的作用，是新子代产生的重要途径，交叉
概率是影响遗传算法性能的关键因素之一。为了保证失效机场节点恢复次序方案集
合的多样性，并使寻优结果更靠近最优解，在选取优质个体的基础上，通过交叉操
作进行信息互换，将个体的优良特征遗传到下一代，从而产生新的个体。交叉操作
的执行过程为：依据交叉概率生成随机整数，确定交叉位置，对随机选取的两个优
良个体的染色体进行部分基因序列的交换，再通过重新组合产生优秀新个体。采用
部分映射杂交方法，将父代样本两两分组，每组重复操作来实现交叉。

5. 变异操作

变异操作是对群体中的每一个个体，以设定的变异概率随机确定被选中个体的变异位置，以此生成新个体，提高种群多样性。变异概率也是影响遗传算法性能的关键因素之一，变异操作决定了遗传算法的局部搜索能力。通过随机选取两个点，将其位置对换，实现变异操作，如图 8-4 所示。

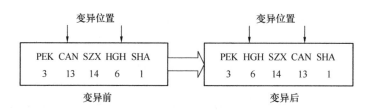

图 8-4　算法的变异过程

种群规模、交叉概率、变异概率等算法参数的取值会对遗传算法的收敛性和效率产生较大的影响。种群规模太小或者太大都会对整个算法的计算结果产生影响，太小则无法充分地全局搜索，容易得到局部最优解；太大又增加了不必要的计算量，延长了算法的计算时间。交叉概率是控制交叉操作被使用的频率，太小会使个体无法被充分交叉，搜索结果停滞不前；太大则会产生较大代沟，可能导致个体的优良特征无法保全。变异概率是控制变异被使用的频率，通过变异操作阻止遗传算法收敛至局部最优解，如果变异概率过小，则可能会得到未成熟的收敛值，而不是全局最优解；变异概率过大也有可能让个体的优良特征无法保全，使得遗传算法趋近于随机搜索。因此，需要针对遗传算法的特点和构建的模型特征，对算法参数进行选择。本研究各算法参数取值如下：种群规模取为50，算法迭代次数取为50，交叉概率取为0.9，变异概率取为0.1。

经过多次循环迭代，当满足群体中最优个体的适应度函数值不再增加或算法迭代次数达到设定值等终止条件后，算法终止输出最优恢复策略，算法流程图如图 8-5 所示。

图 8-5　遗传算法的流程图

8.4　基于地理坐标的节点降雨数据分析

8.4.1　机场节点降雨数据

根据表 7-2 的机场节点地理位置信息，通过羲和数据平台梳理统计对应航班数据时间周期的雨水数据[13]，例如上海浦东机场节点雨水数据见图 8-6。

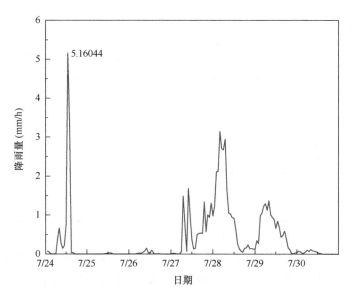

图 8-6　上海浦东机场节点雨水数据

由图 8-6 可知，上海浦东机场节点 2023 年 7 月 24 日—7 月 30 日的最大小时降雨量为 5.16 mm。在此基础上可以整理得到网络中各机场节点所处地理空间位置的降雨强度状况，从而判定网络中易受暴雨灾害袭扰的机场节点。

对网络中各机场节点的雨水数据统计，整理得到降雨强度指标数据，如表 8-1所示。

<table>
<tr><td colspan="5" align="center">机场网络节点雨水数据表</td><td align="right">表 8-1</td></tr>
<tr><td>序号</td><td>机场节点</td><td>最大小时降雨量（mm）</td><td>24 小时最大降雨量（mm）</td><td>一周降雨量（mm）</td></tr>
<tr><td>1</td><td>上海虹桥 SHA</td><td>6.10</td><td>20.38</td><td>53.36</td></tr>
<tr><td>2</td><td>上海浦东 PVG</td><td>5.16</td><td>24.77</td><td>66.23</td></tr>
<tr><td>3</td><td>北京首都 PEK</td><td>8.92</td><td>78.16</td><td>125.31</td></tr>
</table>

序号	机场节点	最大小时降雨量（mm）	24 小时最大降雨量（mm）	一周降雨量（mm）
4	北京大兴 PKX	11.46	92.21	151.46
5	南京禄口 NKG	5.03	16.24	54.35
6	杭州萧山 HGH	2.78	20.16	54.96
7	青岛胶东 TAO	3.38	17.482	37.54
8	西安咸阳 XIY	2.65	29.82	39.23
9	郑州新郑 CGO	3.85	24.15	41.27
10	宁波栎社 NGB	6.53	35.00	89.95
11	天津滨海 TSN	10.69	40.86	95.23
12	长沙黄花 CSX	4.44	11.30	22.08
13	广州白云 CAN	9.75	42.15	63.02
14	深圳宝安 SZX	7.15	37.18	49.16
15	重庆江北 CKG	2.42	14.09	57.69
16	成都天府 TFU	12.06	142.86	271.55
17	成都双流 CTU	5.68	53.63	108.53

由表 8-2 可知，网络模型中 24 小时降雨量达到大雨至暴雨降雨强度的机场节点数量有 9 个，占比高达 52.9%，其中北京大兴 PKX、天津滨海 TSN 和成都天府 TFU 的最大小时降雨量均超过了 10mm。可知网络模型中易受到暴雨灾害袭扰的机场节点包括成都天府 TFU、北京大兴 PKX、天津滨海 TSN、宁波栎社 NGB 以及上海浦东 PVG。

8.4.2 关键区域识别

基于地理位置坐标对网络模型中各机场节点进行区域划分，分为华东地区、华北地区、华中地区、华南地区、西南地区以及西北地区六大区域。其中，华东地区包括上海虹桥、上海浦东、南京禄口、杭州萧山、青岛胶东以及宁波栎社 6 个机场节点；华北地区包括北京首都、北京大兴和天津滨海 3 个机场节点；华中地区包括郑州新郑和长沙黄花 2 个机场节点；华南地区包括广州白云和深圳宝安 2 个机场节点；西南地区包括重庆江北、成都双流和成都天府 3 个机场节点；西北地区则包含西安咸阳 1 个机场节点。整理得到各区域机场节点雨水数据，如表 8-2 所示。

网络中各区域机场节点雨水数据表　　　　　　表 8-2

区域划分	机场节点	24 小时最大降雨量 （mm）	一周降雨量 （mm）	区域节点总 降雨量 （mm）
华东地区	上海虹桥 SHA	25.38	53.36	356.39
	上海浦东 PVG	26.77	66.23	
	南京禄口 NKG	16.24	54.35	
	杭州萧山 HGH	25.16	54.96	
	青岛胶东 TAO	17.48	37.54	
	宁波栎社 NGB	35.00	89.95	
华北地区	北京首都 PEK	78.16	125.31	372.00
	北京大兴 PKX	92.21	151.46	
	天津滨海 TSN	40.86	95.23	
华中地区	郑州新郑 CGO	24.15	41.27	63.35
	长沙黄花 CSX	11.3	22.08	
华南地区	广州白云 CAN	42.15	63.02	112.18
	深圳宝安 SZX	37.18	49.16	
西南地区	重庆江北 CKG	14.09	57.69	437.77
	成都天府 TFU	142.86	271.55	
	成都双流 CTU	53.63	108.53	
西北地区	西安咸阳 XIY	29.82	39.23	39.23

　　由表 8-2 可知，西南地区的机场节点总降雨量在六个地区中排名第一，重庆江北、成都双流和成都天府三个机场节点的周降雨量合计高达 437.77mm，其中成都天府和成都双流的 24h 最大降雨量均在 50mm 以上，达到暴雨的降雨强度标准；其次是华北地区和华东地区的机场节点，其总降雨量分别达到了 372.00mm 和 356.39mm。可知网络模型中易受暴雨灾害袭扰的关键区域为西南地区、华北地区和华东地区。

8.5　网络最优恢复策略分析

8.5.1　关键节点失效情景

　　由第 7 章节点服务效率重要度分析，得到网络模型中对整体网络服务效率影响较大的五个关键节点，分别为广州白云 CAN、北京首都 PEK、深圳宝安 SZX、杭州萧山 HGH 和上海虹桥 SHA。对这五个关键节点作同时失效假设，失效节点信息如表 8-3 所示。表中度值为该机场节点与其他机场节点相联系的边的数目，流量为该机场节点的 OD 数据之和，重要度指标为该机场节点服务效率重要度值[13-14]。

失效关键节点信息表　　　　　　　　　　　　　　　　　　表 8-3

序号	机场节点	机场等级	度值	流量	重要度指标
1	上海虹桥 SHA	枢纽机场	12	183408	0.1697
3	北京首都 PEK	枢纽机场	14	251373	0.2083
6	杭州萧山 HGH	干线机场	12	155759	0.1773
13	广州白云 CAN	干线机场	15	267359	0.2484
14	深圳宝安 SZX	枢纽机场	15	221776	0.1776

考虑上海虹桥 SHA 等 5 个关键节点全部失效，即机场功能损坏，无法正常使用，与其他机场节点断开联系，基于遗传算法进行多个关键节点失效下的最优恢复策略求解，基于网络韧性的优化求解过程如图 8-7 所示，其中横坐标表示遗传算法的迭代次数，纵坐标为遗传算法目标函数计算得到的整体网络韧性值［由式（8-1）计算所得］。

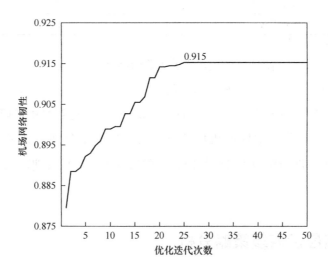

图 8-7　关键节点失效下网络韧性最优恢复曲线

由图 8-7 可知，遗传算法在迭代 24 次后收敛至最优解，迭代次数说明该算法收敛较好，适用于本研究构建的机场网络拓扑模型；机场网络最大韧性值为

0.915，对应的机场节点最优恢复次序为北京首都、广州白云、深圳宝安、杭州萧山、上海虹桥。

　　分别考虑节点度、重要度和网络韧性三种恢复策略，基于表 8-3 确定依据节点度、重要度优先恢复策略下的节点恢复次序，若基于节点度优先恢复策略中多个机场节点度值相同，则依据 OD 流量大小排序；采用遗传算法确定基于网络韧性优先恢复策略下的节点恢复次序及以上三种恢复策略的韧性值。三种恢复策略下的机场节点恢复次序及网络韧性值如表 8-4 所示。

关键节点失效下三种恢复策略的机场节点恢复次序及网络韧性值　　　　表 8-4

扰动情景	恢复策略	机场节点恢复次序	网络韧性值
关键节点 失效	基于节点度的优先恢复	CAN→SZX→PEK→SHA→HGH	0.889
	基于重要度的优先恢复	CAN→PEK→SZX→HGH→SHA	0.907
	基于网络韧性的优先恢复	PEK→CAN→SZX→HGH→SHA	0.915

　　由表 8-4 可知，对于关键节点失效下的不同恢复策略，由于所考量的恢复指标不同，因此会得到不同的机场节点恢复次序，不同的机场节点恢复次序下的网络韧性值也会有所差异。基于节点度、重要度和网络韧性恢复策略的机场节点恢复次序对应的网络韧性值分别为 0.889、0.907、0.915，说明基于网络韧性的恢复策略下的网络韧性值比基于重要度和节点度的恢复策略分别提升了 0.88%、2.92%。由此可知，基于单一指标的节点度和重要度恢复策略，很可能得不到的最优机场节点恢复次序，也就无法在多个关键节点失效时做出最优恢复决策，即在多个机场节点遭到破坏时无法保证机场网络韧性最大；而基于网络韧性的恢复策略从整体网络角度出发，基于网络服务效率综合考虑机场节点的优先恢复性。

　　依据第 8.2.1 节机场网络模型假设中设定的机场等级与恢复时间关系，以及表 8-4 中的机场节点恢复次序，计算得到了基于节点度、基于重要度和基于网络韧性三种恢复策略下的网络服务效率时变曲线，如图 8-8 所示，不同机场节点恢复阶段的网络服务效率恢复百分比如图 8-9 所示，其中图 8-8 中的横坐标 0 时刻表示网络服务效率开始恢复，0 时刻右侧天数为正即表示网络服务效率恢复的天数，0 时刻左侧表示网络服务效率在原先为恒定情况。

　　由图 8-8 和图 8-9 可知，当 5 个关键节点全部失效时，网络服务效率降为 0.035，而 5 个关键节点均未失效时网络服务效率为 0.057，说明关键节点失效后

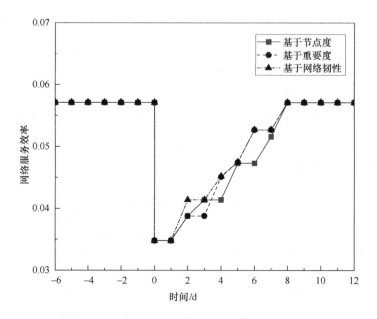

图 8-8　关键节点失效下三种恢复策略的网络服务效率时变曲线

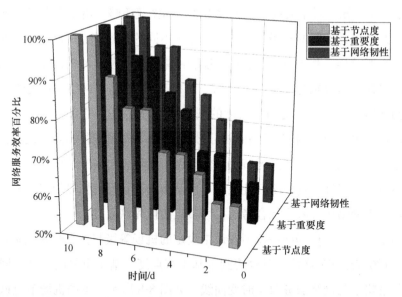

图 8-9　关键节点失效下三种恢复策略不同恢复阶段的网络服务效率恢复百分比

网络服务效率降低 38.6%；基于节点度和基于重要度优先策略下，经历第一个恢复阶段的两天恢复时间后，网络服务效率恢复至 0.039，网络服务效率提升了 11.4%，而基于网络韧性的恢复策略下，第一个恢复阶段后的网络服务效率恢复至 0.042，网络服务效率提升了 20.0%，相较其他两种恢复策略的网络服务效率提升了 7.7%，说明相对基于节点度和基于重要度的两种恢复策略而言，基于网络韧性恢复策略的恢复效果更好。

8.5.2　单区域失效情景

为进一步分析暴雨灾害下机场基础设施网络的抗灾韧性和恢复策略，考虑机场基础设施网络中关键区域机场节点失效场景，对机场基础设施网络进行韧性恢复策略分析。由表 8-2 可知，华东地区 6 个机场节点的 24h 最大降雨量均在 15mm 以上，其中上海虹桥、上海浦东、杭州萧山以及宁波栎社 4 个机场节点的 24h 最大降雨量均超过 25mm，达到了大雨的降雨强度标准。在本研究构建的机场基础设施网络模型中，华东地区包含 6 个机场节点，整个地区的机场节点同时失效会对网络整体造成较大影响，故选取华东地区作为关键区域，进行关键区域内所有机场节点失效下的最优恢复策略求解，失效机场节点信息如表 8-5 所列，表中度值为该机场节点与其他机场节点相联系的边的数目，流量为该机场节点的 OD 数据之和，重要度指标为该机场节点服务效率重要度值。

华东地区失效机场节点信息表　　　　　　　表 8-5

序号	机场节点	机场等级	度值	流量	重要度指标
1	上海虹桥 SHA	枢纽机场	12	183408	0.1697
2	上海浦东 PVG	枢纽机场	12	81707	0.0700
5	南京禄口 NKG	干线机场	10	76511	0.0705
6	杭州萧山 HGH	干线机场	12	155759	0.1773
7	青岛胶东 TAO	干线机场	15	65476	0.0860
10	宁波栎社 NGB	干线机场	12	48446	0.0396

考虑华东地区 6 个机场节点全部失效，即机场功能损坏，飞机无法正常起降，整个区域与其他区域的机场节点断开联系，基于遗传算法进行关键区域机场节点失效情景下的最优恢复策略求解，基于网络韧性的优化过程如图 8-10 所示，其中横坐标表示遗传算法的迭代次数，纵坐标为遗传算法目标函数计算得到的整体网络韧性值。

由图 8-10 可知，算法在迭代 32 次后收敛至最优解，机场网络最大韧性值为 0.889，对应的机场节点最优恢复次序为上海浦东、杭州萧山、南京禄口、上海虹桥、宁波栎社、青岛胶东。

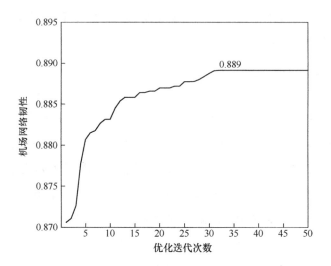

图 8-10　华东地区机场失效下网络韧性最优恢复曲线

　　华东地区作为机场基础设施网络中的关键区域，在暴雨灾害下进行机场基础设施网络最优恢复策略求解时，基于表 8-6 确定节点度、重要度两种优先恢复策略下的节点恢复次序，若基于节点度优先恢复策略中多个机场节点度值相同，则依据 OD 流量大小排序；采用遗传算法确定基于网络韧性优先恢复策略下的节点恢复次序及以上三种恢复策略的韧性值。三种恢复策略下的机场节点恢复次序及网络韧性值如表 8-6 所示。

华东地区机场失效下三种恢复策略的机场节点恢复次序及网络韧性值　　表 8-6

扰动情景	恢复策略	机场节点恢复次序	网络韧性值
华东地区机场节点失效	基于节点度的优先恢复	TAO→SHA→PVG→HGH→NGB→NKG	0.871
	基于重要度的优先恢复	HGH→SHA→TAO→NKG→PVG→NGB	0.878
	基于网络韧性的优先恢复	PVG→HGH→NKG→SHA→NGB→TAO	0.889

　　由表 8-6 可知，暴雨灾害下华东地区机场节点失效的三种恢复策略中，基于节点度、重要度和网络韧性恢复策略的机场节点恢复次序对应的网络韧性值分别为 0.871、0.878、0.889，基于网络韧性的恢复策略下的网络韧性值比基于重要度和节点度的恢复策略分别提升了 1.25％和 2.07％。

　　基于节点度、基于重要度和基于网络韧性三种恢复策略下的网络服务效率时变曲线如图 8-11 所示，不同恢复阶段网络服务效率恢复百分比如图 8-12 所示。

　　由图 8-11 和图 8-12 可知，当华东地区 6 个机场节点全部失效时，网络服务效率降为 0.018，而华东地区 6 个机场节点均未失效时，网络服务效率为 0.057，说

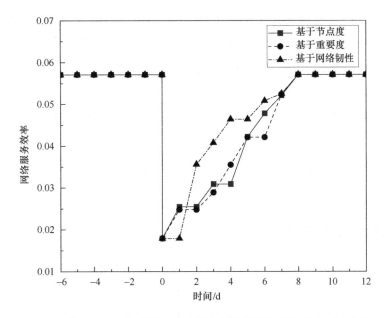

图 8-11　华东地区机场失效下三种恢复策略的网络服务效率时变曲线

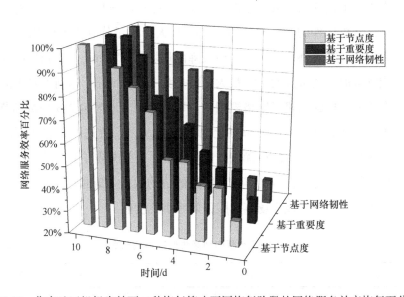

图 8-12　华东地区机场失效下三种恢复策略不同恢复阶段的网络服务效率恢复百分比

明华东地区 6 个机场节点失效后网络服务效率降低 68.4%；基于节点度优先策略
下，经历两个恢复阶段的三天恢复时间后，网络服务效率恢复至 0.031，网络服务
效率提升了 72.2%；基于重要度指标优先策略下，经历两个恢复阶段后，网络服
务效率恢复至 0.029，网络服务效率提升了 61.1%；而基于网络韧性的恢复策略

下，经历两个恢复阶段后，网络服务效率恢复至 0.041，网络服务效率提升了 27.8％，较基于节点度和重要度指标的优先策略网络服务效率分别提升了 32.2％ 和 41.4％。上述数据说明，相对于基于节点度和基于重要度恢复策略，基于网络 韧性的恢复策略的恢复效果更好。

相较于关键节点失效下的最优恢复策略分析而言，关键区域机场节点恢复得到 的机场网络韧性提升效果不够显著，其原因是失效的机场节点均位于网络模型的同 一区域内，恢复过程中该区域内机场节点恢复次序的变动对整体网络的服务效率影 响有限。

8.5.3 多区域失效情景

为考虑机场基础设施网络中多区域机场功能失效对网络抗灾韧性的影响，进一 步分析多区域失效下机场基础设施网络的韧性恢复策略。基于机场网络模型中易受 暴雨灾害袭扰的关键区域识别，选取华北地区与西南地区的 6 个机场节点进行多区 域机场节点失效下最优恢复策略分析。由表 8-2 可知，华北和西南地区的机场节点 中，除重庆江北机场外的其余机场节点 24h 最大降雨量均在 40mm 以上，其中北 京首都、北京大兴和成都双流的 24h 最大降雨量均超过 50mm，达到暴雨的降雨强 度标准；成都天府机场节点的 24h 最大降雨量为 142.86mm，达到大暴雨的降雨强 度标准。在本研究构建的机场网络模型中，华北和西南地区包含 6 个机场节点，两 个地区降雨强度达到暴雨的机场节点比例高达 66.7％，故选取华北和西南两地区 进行多区域机场节点失效下的最优恢复策略求解，失效节点信息如表 8-7 所示，表 中度值为该机场节点与其他机场节点相联系的边的数目，流量为该机场节点的 OD 数据之和，重要度指标为该机场节点服务效率重要度值。

华北地区和西南地区失效节点信息表　　　　　　　表 8-7

序号	机场节点	机场等级	度值	流量	重要度指标
3	北京首都 PEK	枢纽机场	14	251373	0.2083
4	北京大兴 PKX	枢纽机场	13	137652	0.1158
11	天津滨海 TSN	枢纽机场	11	68818	0.0616
15	重庆江北 CKG	枢纽机场	14	126559	0.1352
16	成都天府 TFU	枢纽机场	13	104783	0.0809
17	成都双流 CTU	枢纽机场	14	137185	0.1044

考虑华北和西南两个地区的 6 个机场节点全部失效，即机场功能损坏，飞机无法正常起降，两个区域之间的机场节点互相断开联系，并与其他区域的机场节点均断开联系，基于遗传算法进行多区域机场节点失效下的最优恢复策略求解，基于网络韧性的优化过程如图 8-13 所示，其中横坐标表示遗传算法的迭代次数，纵坐标为遗传算法目标函数计算得到的整体网络韧性值。

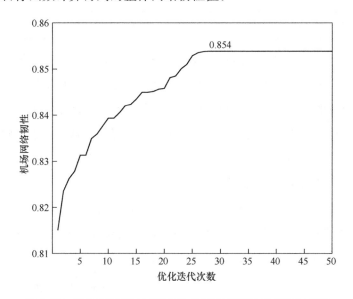

图 8-13　华北和西南地区机场失效下网络韧性最优恢复曲线

由图 8-13 可知，算法在运行 28 代后收敛至最优解，机场网络最大韧性值为 0.854，对应的机场节点最优恢复次序为北京首都、重庆江北、成都双流、成都天府、天津滨海、北京大兴。

华北和西南两个地区在暴雨灾害影响下进行多区域机场节点失效下最优恢复策略求解时，基于表 8-7 确定节点度、重要度优先恢复策略下的节点恢复次序，若基于节点度优先恢复策略中多个机场节点度值相同，则依据 OD 流量大小排序；采用遗传算法确定基于网络韧性优先恢复策略下的节点恢复次序及以上三种恢复策略的韧性值。三种恢复策略下的机场节点恢复次序及网络韧性值如表 8-8 所示。

由表 8-8 可知，暴雨灾害下华北和西南地区两区域机场节点失效的三种恢复策略中，基于节点度、重要度和网络韧性恢复策略的机场节点恢复次序对应的网络韧性值分别为 0.838、0.831、0.854，基于网络韧性的恢复策略下的网络韧性值相较于基于重要度的恢复策略提升了 2.77%，较于基于节点度的恢复策略提升了 1.92%，较于随机的机场节点恢复次序提升了 1.91%。

华北和西南地区机场节点失效下三种恢复策略的机场

节点恢复次序表及网络韧性值　　　　　　　　表 8-8

扰动情景	恢复策略	机场节点恢复次序	网络韧性值
华北和西南地区机场节点失效	基于节点度的优先恢复	PEK→CKG→CTU→PKX→TFU→TSN	0.838
	基于重要度的优先恢复	PEK→CKG→PKX→CTU→TFU→TSN	0.831
	基于网络韧性的优先恢复	PEK→CKG→CTU→TFU→TSN→PKX	0.854

　　同时可知，针对华北和西南两个地区受暴雨灾害影响而失效的场景进行多区域机场节点失效下最优恢复策略求解，与华东地区单个关键区域机场节点失效下的最优恢复策略求解的失效机场节点数目相同，但华北和西南两个区域失效下的最优恢复策略求解所得到的机场网络韧性提升效果却较为显著，这是由于失效机场节点位于网络模型的多个区域内，恢复过程中两个区域内机场节点恢复先后次序的变动会对整体网络的服务效率造成较大影响。

　　基于节点度、基于重要度和基于网络韧性三种恢复策略下的网络服务效率时变曲线如图 8-14 所示，不同恢复阶段网络服务效率恢复百分比如图 8-15 所示。

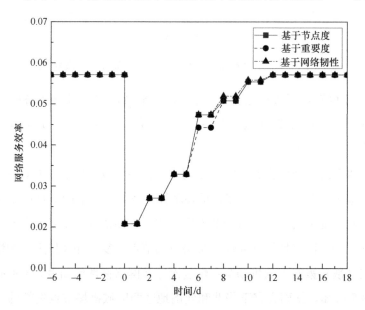

图 8-14　华北和西南地区机场节点失效下三种恢复
策略的网络服务效率时变曲线

　　由图 8-14 和图 8-15 可知，当华北和西南两个地区 6 个机场节点全部失效时，网络服务效率降为 0.021，而华北和西南两个地区 6 个机场节点均未失效时的网络

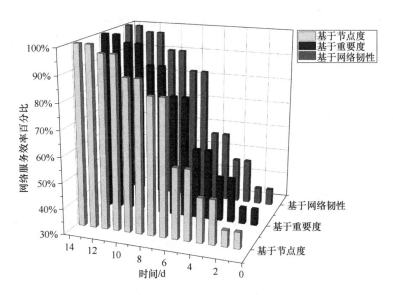

图 8-15　华北和西南地区机场节点失效下三种恢复策略
不同恢复阶段的网络服务效率恢复百分比

服务效率为 0.057，说明华北和西南两个地区 6 个机场节点失效后网络服务效率降低 63.2%；基于节点度、重要度优先策略在经历四个恢复阶段的八天恢复时间后网络服务效率恢复至 0.051，网络服务效率提升了 142.8%；而基于网络韧性的恢复策略下在经历两个恢复阶段后网络服务效率恢复至 0.052，网络服务效率提升了 147.6%，较其他两种恢复策略网络服务效率提升 1.96%。上述结果说明，相对于基于节点度和基于重要度恢复策略，基于网络韧性的恢复策略的恢复效果更好。

同时可知，相较于关键节点失效和关键区域机场节点失效下的最优恢复策略分析而言，考虑多区域机场节点失效时三种恢复策略下的网络服务效率恢复速率相差不大，基于网络韧性的恢复策略比基于节点度和基于重要度的恢复策略略高，其原因是三种恢复策略的机场节点恢复次序前部高度重合，优先恢复的机场节点相同。

8.6　本章小结

本章建立了机场基础设施网络恢复模型，考虑关键节点失效、关键区域机场节点失效以及多区域机场节点失效三种灾害情景，基于节点度、重要度和网络韧性三种恢复策略，开展了机场基础设施网络的最优恢复策略分析。分析结论如下：

（1）机场基础设施网络模型中易受暴雨灾害袭扰的关键区域为西南地区、华北地区以及华东地区，其中西南地区 3 个机场节点的周降雨量高达 437.77mm。

（2）相对于重要度和节点度的恢复策略而言，基于网络韧性恢复策略的恢复效果最好，例如关键节点失效场景下基于节点度和重要度恢复策略的网络韧性值为 0.889 和 0.907，而基于网络韧性恢复策略的韧性值为 0.915，所以应根据网络韧性确定网络中机场节点的恢复次序。

（3）机场节点恢复的优先性不仅与节点度、OD 流量及重要度指标有关，还与机场节点在网络中的位置相关，如广州白云机场的节点度、OD 流量及重要度指标均高于北京首都机场，但在关键节点失效场景下北京首都机场仍应优先恢复。

（4）网络服务效率损失程度与机场节点的失效数量和失效节点的空间位置区域分布相关，例如关键节点失效场景下 5 个机场节点失效时网络服务效率降为 0.035，而华东区域 6 个机场节点失效时网络服务效率降为了 0.018。

（5）相对于华北和西南区域机场节点而言，华东区域机场节点对机场网络模型韧性的影响更大。在华东区域 6 个机场节点失效和华北、西南两区域共 6 个机场节点失效的情况下，整体网络服务效率分别降低了 68.7％和 63.6％。

参 考 文 献

[1] 刘梦茹. 韧性视角下城市地铁网络最优恢复策略研究[D]. 西安：西安建筑科技大学，2021.

[2] 黄莺，刘梦茹，魏晋果，等. 基于韧性曲线的城市地铁网络恢复策略研究[J]. 灾害学，2021，36(1)：32-36.

[3] 廉梳荷. 极端天气下互补交通基础设施系统韧性评估与优化[D]. 上海：上海师范大学，2023.

[4] AL-SHALABI M, ANBAR M, WAN T C, et al. Energy efficient multi-hop path in wireless sensor networks using an enhanced genetic algorithm[J]. Information Sciences，2019，500：259-273.

[5] HOLLAND J H. Adaptation in Natural and Artificial Systems[J]. Control & Artificial Intelligence，1975.

[6] 马壮林，程会媛，邵逸恒，等. 大客流干扰下多层公交-地铁网络的韧性评估[J]. 中国公路学报，2024，37(6)：267-278.

[7] 程强，李德威，刘志峰，等. 混线自由锻协同生产多目标节能优化调度方法[J]. 华中科技大学学报(自然科学版)，2024，52(6)：10-16.

［8］　李成冉，方佳豪，尹首一，等．基于遗传算法的晶圆级芯片映射算法研究［J］．计算机工程与科学，2024，46(6)：993-1000.

［9］　张超群，郑建国，钱洁．遗传算法编码方案比较［J］．计算机应用研究，2011，28(3)：819-822.

［10］　葛继科，邱玉辉，吴春明，等．遗传算法研究综述［J］．计算机应用研究，2008(10)：2911-2916.

［11］　周明，孙树栋．遗传算法原理及应用［M］．北京：国防工业出版社，1999.

［12］　张中伟，唐任仲，陶俐言．非线性工艺规划的资源优化配置［J］．计算机集成制造系统，2016，22(2)：516-528.

［13］　杨立志．暴雨灾害下机场基础设施网络抗灾韧性研究［D］．天津：中国民航大学，2024.

［14］　黄信，杨立志，张永康，等．暴雨灾害下机场基础设施网络韧性恢复策略研究［J/OL］．北京航空航天大学学报，1-20［2024-08-01］．https：//doi.org/10.13700/j.bh.1001-5965.2024.0396.